U0616299

输配电线路涉鸟故障
"疏堵结合"综合治理

刘 勇 黄 建 李国才 著

西南交通大学出版社
·成 都·

图书在版编目（CIP）数据

输配电线路涉鸟故障"疏堵结合"综合治理 / 刘勇，
黄建，李国才著. -- 成都：西南交通大学出版社，
2024. 8. -- ISBN 978-7-5774-0005-1

Ⅰ. TM726

中国国家版本馆 CIP 数据核字第 20243YK771 号

Shupeidian Xianlu Sheniao Guzhang "Shudu Jiehe" Zonghe Zhili
输配电线路涉鸟故障"疏堵结合"综合治理

	策划编辑／李芳芳　李华宇
刘　勇　黄　建　李国才　**著**	责任编辑／张文越
	封面设计／吴　兵

西南交通大学出版社出版发行

（四川省成都市金牛区二环路北一段 111 号西南交通大学创新大厦 21 楼　610031）
发行部电话：028-87600564　028-87600533
网址：http://www.xnjdcbs.com
印刷：成都勤德印务有限公司

成品尺寸　185 mm×240 mm
印张　8.75　　字数　176 千
版次　2024 年 8 月第 1 版　　印次　2024 年 8 月第 1 次

审图号：GS 川（2023）279 号

书号　ISBN 978-7-5774-0005-1
定价　55.00 元

《输配电线路涉鸟故障"疏堵结合"综合治理》
作者团队

主要著者：刘　勇　　黄　建　　李国才

其他著者：植舒琪　　罗小春　　郭利瑞　　王　超

郑永康　　李　成　　陈四甫　　杨明彬

宋冠华　　尹李建　　抗州甲　　务孔永

鲜朝家　　苏旭辉　　邓怀祥　　杨　恒

蒋　伟　　李　伟　　王晓涛　　弋中欣

何雅洁　　刘经度　　卢金奎　　廖红兵

陈　俊　　李红军　　李振华　　莫镇阳

陈勇智　　陈　晋　　黄炳勇　　陈　磊

汤　杨　　罗　萌　　郭　乔　　杨　滔

罗　俊　　沈大千　　朱祚恒　　杨　凯

孙　渊　　丛鹏松　　黄华林　　张家兴

夺机泽旦　蒲　敏　　陈思雅　　杨　昕

严旭荣　　王松涛　　侯丽敏　　张玉龙

随着生态环境的持续改善，鸟类数量大幅增长，在草原、湖泊和湿地等区域，日益改善的环境和气候孕育了水草丰茂的地理环境，吸引了大批鸟类前来栖息。每年 3 ~ 8 月是鸟类繁殖期，大量鸟类筑巢产卵。然而，随着越来越多的鸟类在输配电线路附近活动和筑巢，鸟类生存与输电线路安全运行的"鸟线冲突"日益凸显，给电网和鸟类安全埋下了不可控的安全隐患。据统计，"鸟线冲突"引起的输电线路涉鸟故障已成为除雷击和外力破坏之外，引发线路跳闸的第三大原因。此外，珍稀鸟类误撞架空输电线路导致的触电伤害事件时有发生，对当地生态、环境保护以及电网安全运行造成不利影响。

作为大自然的重要成员，鸟类在维护生态平衡、保护自然界绿色植物方面具有重要作用。其种群数量的稳定对于生态系统内能量流动、无机物质的循环、生态系统及物种多样性的稳定等具有重要意义。因此，我们应该采取积极措施，保护鸟类生存环境，减少人类活动对鸟类的影响，确保电网安全运行和鸟类生存的和谐。开展输配电线路涉鸟故障综合治理，化解生态环境与输电线路安全稳定运行两者之间的矛盾，是保护生态环境和保障电网安全运行的当务之急。同时，也是落实国家"推动绿色发展，促进人与自然和谐共生"的要求。

为有效解决"鸟线冲突"，本书提出了输配电线路涉鸟故障"疏堵结合"治理策略，针对涉鸟故障频发的输配电线路，开展鸟类活动与电网安全运行相互影响因素研究，采取既能保障电网安全稳定运行，又不影响鸟类栖息的综合治理策略，并制定多层级、差异化、持久性的治理方案，推动技术创新，提升管理措施，加强源头防控，倡导建立政府、企业、社会组织及公众等多方参与时协同共建机制，有效化解"鸟线冲突"。

　　本书主要内容包括概述、涉鸟故障鸟类活动特性、涉鸟故障治理措施、典型案例、国内涉鸟故障研究、涉鸟故障"疏堵结合"综合治理的深化应用及新思路等。其中，国网阿坝供电公司的刘勇负责第一、第三、第六章的编著；山水自然保护中心的黄建和植舒琪分别负责第二章和第四章的编著；四川大学李国才负责第五章的编著；罗小春、郭利瑞、王超、郑永康、李成、杨明彬、陈四甫、尹李建、宋冠华参与了本书的资料汇集和修订工作。本书内容充分展现了近年来在涉鸟故障治理方面的创新实践成果，凝聚了电网输电线路管理和运维、鸟类研究机构、高校和科技工作者的集体智慧。

　　由于编著人员的知识面和水平所限，书中难免存在不妥和疏漏之处，恳请广大读者批评指正，提出宝贵意见。

　　特别感谢西南交通大学出版社的大力支持。

著者

2024.3

目录 CONTENTS

第1章 概 述

1.1 鸟线冲突定义

随着全球生态环境持续改善，鸟类数量大幅增长，随着鸟类在输配电线路（以下简称线路）的活动扩大和筑巢增多，由鸟类引发的架空输配电线路故障次数明显上升，鸟与输配电线路的"鸟线矛盾"日益凸显，鸟类活动给电网安全埋下了不可控的安全隐患。同时，鸟类误撞架空输电线路触电伤害事件时有发生，对当地生态和环境保护以及电网的安全造成不利影响。所以，我们将鸟类在线路上排便、筑巢、鸟体碰触带电导线、鸟类啄食复合绝缘子等活动引起输变配设备损坏或线路跳闸、故障停运；鸟类在电网上活动导致鸟类死亡；电网运维人员为了电网运行安全将电网上的鸟巢取掉等情况称之为鸟线冲突。鸟线冲突引起的线路涉鸟故障已成为除雷害和外力破坏之外，引发线路跳闸的第三大原因。

1.2 鸟线冲突引起的涉鸟故障类型及机理

鸟线冲突引起的输电线路杆塔涉鸟故障（以下简称涉鸟故障）分为：鸟粪类故障、鸟巢类故障、鸟体短接类故障和鸟啄类故障。

1.2.1 鸟粪闪络

鸟粪类故障是指各种在输电线路杆塔上活动且泄粪量较大的鸟类的粪便所引发的线路跳闸故障，占鸟类造成输电线路故障的87%，主要分为三类。

第一类是由于淌稀的鸟粪倾泻在绝缘子表面，这种稀的鸟粪导电率非常高，曾测得两片因涉鸟故障跳闸绝缘子的盐密值分别高达 0.172 mg/cm^2 和 0.154 mg/cm^2；而且鸟粪数量特别多，甚至短接了绝缘子裙边而导致了绝缘子串的沿面闪络。

第二类是鸟粪在同一绝缘子串日积月累而导致时故障，干鸟粪和湿鸟粪混合达到一定数量，一旦遇到湿润天气，就会发生闪络放电，这样的闪络形式与大气污染在绝缘子串表面积污所引起的污秽闪络十分类似。

第三类是鸟粪在绝缘子串周围的空气间隙倾泻的瞬间，畸变了绝缘子串附近的电场而导致的击穿，之所以不是过去所认为的绝缘子串的沿面闪络，是因为绝缘子串表面并无鸟粪沾附。因此，原来认为的许多不明原因的闪络故障中，应有相当一部分实际上属于鸟粪闪络。

鸟粪引起的涉鸟故障一般为体型较大或种群规模较大的鸟类引起，体型较大的鸟类主要有黑鹳、东方白鹳、苍鹭、大白鹭、灰雁、豆雁、普通鸢、大鹭等；种群规模较大的鸟种主要有夜鹭、白鹭、喜鹊、灰喜鹊等。

输电线路杆塔均压环和引流管线上积满鸟粪如图 1-1 所示。

图 1-1　输电线路杆塔均压环和引流管线上积满鸟粪

1.2.2　鸟类筑巢

鸟类筑巢造成的线路故障主要指鸟类在输电线路上筑巢及其相关因素所引起的跳闸故障，占鸟类造成输电线路故障的 10%。输电线路鸟类筑巢材料有树枝、枯藤、废棉线、铁丝等。鸟类在筑巢过程中所携带的铁丝接触或靠近带电导线，形成接地短路。此类故障涉及的鸟类主要为夜鹭、苍鹭、东方白鹳、红隼、喜鹊、乌鸦、大鹭、秃鹫等，属于发生地域广、较为常见的涉鸟故障类型。输电线路杆塔常见鸟巢如图 1-2 所示。

图 1-2 输电线路杆塔常见鸟巢

　　由于铁塔地线支架及横担端部等铁塔塔材交叉处角钢较宽大，杆件较多，纵横交叉，桁架结构安全稳定，受外界干扰小，易于筑巢。鸟类大多选择在铁塔地线支架挂点处（图 1-3）、横担内部（图 1-4）以及横担端部绝缘子串挂点处（图 1-5）筑巢。

图 1-3 地线支架挂点处筑巢

图 1-4 横担内部筑巢

图 1-5　横担导线挂点处筑巢

1.2.3　鸟体短接故障

鸟体短接引发的故障主要指鸟类在线路上空或导线之间穿越飞行时造成的接地或相间短路；鸟类在杆塔上活动时，导致带电部位空气间隙缩短而发生的相间短路和单相接地短路。特别在高海拔地区，由于空气密度小，空气间隙的绝缘强度低，加之沿线多大型鸟类（一般鸟类翼展超过 1.5 m，有些可达到 3 m 以上），容易发生鸟体短接类故障。某些肉食类猛禽在杆塔上进食时残留的动物内脏也会短接高压导线和接地端导致放电。引起此类故障的鸟类主要有东方白鹳、黑鹳、大白鹭、苍鹭、大鸨、黑颈鹤、斑头雁、大鵟、普通鵟等。

1.2.4　鸟啄引起的故障

一些鸟类喜好叼啄斜拉复合绝缘子的硅橡胶伞裙护套，较为严重时可使得芯棒直接暴露于大气环境中，若未及时发现并处理，可能造成掉串等恶性故障，占鸟类造成输电线路故障的 1%。引起此类故障的鸟类主要有灰喜鹊、秃鼻乌鸦、珠颈斑鸠、黑卷尾、灰椋鸟等。被鸟类啄食的复合绝缘子如图 1-6 所示。

图 1-6　被鸟类啄食的复合绝缘子

1.3　涉鸟故障的特性

1.3.1　季节性

一年中涉鸟故障在各个季节发生的次数是不同的。鸟类的迁徙、繁殖、捕食等生活习性跟随季节特点而变化。不同季节，鸟类活动的频繁程度差异非常大。在鸟类活动频繁的季节，输电线路杆塔上出现的鸟类数量就越多，使得杆塔上鸟类活动的频率变得越高，从而增加涉鸟故障发生的可能。

对近 6 年国家电网公司系统内输电线涉鸟故障按月份统计，其发现故障次数较多的月份为 3 ~ 5 月份，该段时间正是鸟类繁殖与迁徙的活动时间段，如图 1-7 所示。

图 1-7　输电线路涉鸟故障月份分布

按涉鸟故障原因分析进行月份统计，发现不同的鸟害故障其分布时间段存在一定的差异性。输电线路鸟巢类故障、鸟粪类故障、鸟体短接类故障月份分布分别如图 1-8、1-9、1-10 所示。

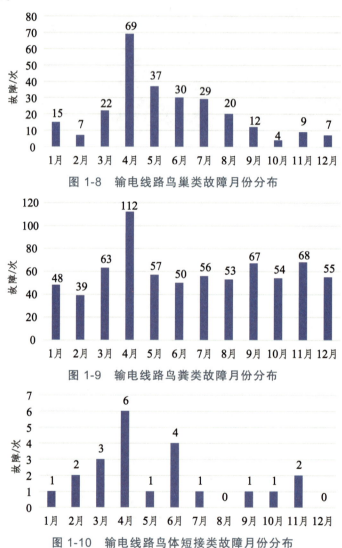

图 1-8　输电线路鸟巢类故障月份分布

图 1-9　输电线路鸟粪类故障月份分布

图 1-10　输电线路鸟体短接类故障月份分布

通过图 1-8～1-10 可以看出，鸟巢类故障主要发生在 3～8 月份，特别是 4～7 月份达到高峰期，而其他月份相对较少。这是由于 4～7 月份属于鸟类的繁殖期，即鸟类进行产卵、孵化和育雏等繁殖活动的高峰，为保证繁殖顺利进行，鸟类筑巢活动也最频繁，造成鸟巢类故障概率迅速上升。其他月份均属于非繁殖期，鸟巢类故障概率偏低。

鸟粪类和鸟体短接类故障，在 4 月前后和 11 月前后出现两个高峰期，这是由于该时间段为候鸟迁徙时期，这两个时间的大型候鸟倾向于河流、湖泊等食物丰富的地区集中，一些候鸟的集群数量可达到数千只，使得水系附近的杆塔发生鸟粪类和鸟体短接类故障的概率明显增大。

在冬季湿度较大，整个季节经常遇到伴随着蒙蒙细雨的阴雨天气，这种天气雨水量少且雨水毫无力度，根本无法清洗绝缘子表面的鸟粪，反而由于雨水的作用会扩大绝缘子上鸟粪的污染面积，从而大大增加了鸟粪污闪的概率；同时在冬季初期，鸟类过冬需要储备大量食物，这就使得鸟类不断往返于巢穴与捕食地点之间，造成鸟类活动频率升高。

在春季，天气逐渐回暖，大量的候鸟回迁，并开始大量筑巢产卵；而人类早期对自然环境的大肆破坏令高大树木匮乏，破坏了鸟类的栖息环境，使得很大一部分鸟类选择在输电线路杆塔上筑巢，这个季节输电线路杆塔上的鸟巢数量将达到一年中的最高峰；此外，春季作为鸟类繁殖的旺季，鸟类进食量大，需经常外出捕食，该时期鸟类活动频繁，这也大大增加了鸟害跳闸的可能。

1.3.2 时段性

鸟类在一天中的活动也呈现一定的规律性，鸟类一般在清晨时分开始外出觅食，傍晚开始休息。一些鸟类，尤其是没有巢穴的鸟类或某些大型涉禽如黑鹳、灰鹤等喜欢栖息在输电线路铁塔等位置较高的地方。鸟类的这种活动规律造成鸟线冲突在一天中不同时段发生的概率不同。

对近 6 年国家电网公司系统内输电线鸟害故障按一天内的时间段统计分析，可得到输电线路鸟害故障次数时间段，如表 1-1 及图 1-11、1-12 所示。

表 1-1　输电线路涉鸟故障次数的时段分布

时间	0 时	1 时	2 时	3 时	4 时	5 时	6 时	7 时	8 时	9 时	10 时	11 时
鸟巢类故障/次	11	3	9	8	10	16	20	17	20	17	11	16
鸟粪类故障/次	29	65	58	68	88	102	89	47	15	11	9	6
时间	12 时	13 时	14 时	15 时	16 时	17 时	18 时	19 时	20 时	21 时	22 时	23 时
鸟巢类故障/次	14	15	9	6	9	5	4	6	4	6	7	15
鸟粪类故障/次	10	9	8	3	5	1	12	13	9	16	19	31

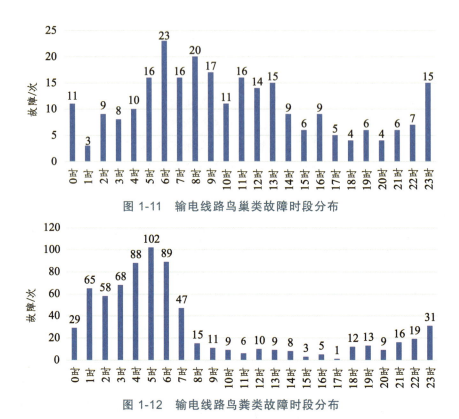

图 1-11　输电线路鸟巢类故障时段分布

图 1-12　输电线路鸟粪类故障时段分布

从图 1-11、1-12，表 1-1 中可看出，鸟巢类故障在一天中都有发生，凌晨和早上 7 时前后偏多，分析此时空气湿度大，鸟巢草受潮后易下垂，而且受潮后树枝、枯草导电性更强，更易引起线路故障。

鸟粪类故障主要发生在夜间至凌晨，这与大型鸟类的消化系统生理周期相关，即白天在外捕食、活动，夜间在喧杂高大的杆塔上栖息，一般在晚上将食物消化完全后排泄，或早晨清空肠道，以减轻体重，为起飞寻觅食物做好准备。

1.3.3　重复性

有过繁殖经历的鸟类出于对原有领域或巢址的依恋，往往会多年在同一地点繁殖。拆除鸟巢之后，长则几天，短则一两个小时，鸟类很快义在原杆塔原位筑巢，特别是正处于繁殖期间的鸟类，反复筑巢的特点更加明显。

1.4　涉鸟故障的重合闸特征

经验证明，不同的涉鸟故障与线路的重合闸动作具有一定的关联，对收集到的鸟害故障数据进行分析。从各电压等级输电线路鸟害故障重合闸成功率（图 1-13）来看，随着电压等级的升高，涉鸟故障重合闸成功率越高。相对输电线路其他类型的故障，如外力破坏、雷击等故障，涉鸟故障以瞬时性故障为主要形式，重合闸成功率很高。从输电线路不同类型涉鸟故障重合闸成功率（图 1-14）来看，不论是鸟巢类故障还是鸟粪类故障，重合闸成功率都随着电压等级的升高而升高，鸟体短接故障重合闸成功率为 100%。在同一电压等级下鸟粪故障重合闸成功率都比鸟巢类故障重合闸成功率要高。

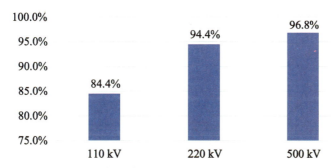

图 1-13　各电压等级输电线路鸟害故障重合闸成功率

图 1-14　输电线路不同类型涉鸟故障重合闸成功率

1.5　涉鸟故障的地貌特征

　　输电线路杆塔周围的地貌特征与涉鸟故障的发生息息相关。杆塔周围的地貌特征越适合鸟类生存，杆塔周围聚集的鸟类就越多，鸟类的活动就越频繁，输电线路杆塔上出现鸟类的数量越大、频率越高，则杆塔发生涉鸟故障的可能就越大。

　　近几年，国家电网所属输电线路发生了许多鸟线冲突。从全国各地线路运维部门对当地涉鸟故障情况的统计分析来看，在人类活动比较集中的城市和乡镇，发生涉鸟故障的概率很低，几乎可以说没有。而在人烟稀少且杆塔邻近湖泊、养鱼池、河流或林木茂密以及有猛禽活动的地方，则往往是涉鸟故障经常发生的区域。以四川为例，对近年四川电网的43基杆塔进行统计。发生涉鸟故障的杆塔周围的地理特征分布情况如表1-2所示。

表 1-2　发生涉鸟故障的杆塔周围的地理特征统计数据

序号	线路名称	杆塔号	电压等级	最近距离类型	最近距离（米）
1	桃棉线	31	220 kV	湖泊	531
2	南西线	145	220 kV	鸟类迁徙通道	0
3	南西线	195	220 kV	养鱼池	55
4	南西线	314	220 kV	河流	180
5	江河二线	15	220 kV	湖泊	113
6	天大线	23	220 kV	林区	21
7	赤丰线	209	220 kV	养鱼池	28
8	东平一线	27	220 kV	油料作物区	83
9	东平三线	21	220 kV	养鱼池	60
10	冬枣线	23	220 kV	油料作物区	177
11	冬枣线	29	220 kV	油料作物区	25
12	龚桥一线	76	220 kV	河流	109
13	范江二线	25	220 kV	林区	38
14	铜平南线	78	220 kV	养鱼池	133
15	赤天二线	45	220 kV	湖泊	180
16	赤天二线	111	220 kV	林区	48
17	赤天二线	117	220 kV	鸟类迁徙通道	83

序号	线路名称	杆塔号	电压等级	最近距离类型	最近距离（米）
18	宝袁一线	29	220 kV	河流	115
19	宝丰西线	131	220 kV	鸟类迁徙通道	186
20	铃新二线	48	220 kV	养鱼池	73
21	河安线	33	220 kV	湖泊	62
22	河安线	45	220 kV	湖泊	50
23	巴定线	62	220 kV	河流	739
24	黄范一线	59	220 kV	湖泊	53
25	云华线	64	220 kV	油料作物区	10
26	古五东线	42	220 kV	河流	378
27	江昌线	19	110 kV	河流	564
28	丰魏线	8	110 kV	河流	631
29	长小线	24	110 kV	河流	18
30	高南一线	12	110 kV	养鱼池	193
31	高南二线	13	110 kV	湖泊	80
32	白铁线	10	110 kV	鸟类迁徙通道	100
33	天峰线	51	110 kV	湖泊	181
34	天南线	9	110 kV	河流	10
35	孙仙线	112	110 kV	河流	196
36	洪桅线	55	110 kV	湖泊	368
37	明二线	73	110 kV	河流	357
38	魏卿线	58	110 kV	河流	203
39	谭乐一线	44	500 kV	鸟类迁徙通道	55
40	二普二线	238	500 kV	养鱼池	152
41	二普三线	349	500 kV	鸟类迁徙通道	10
42	雅蜀一线	11	500 kV	河流	486
43	普天线	442	500 kV	河流	2170

据表 1-2，43 基发生涉鸟故障的杆塔附近距离最近的地理特征类型，其中河流 14 次，湖泊 9 次，养鱼池 7 次，鸟类迁徙通道 6 次，油料作物区 4 次，林区 3 次。其分布情况如图 1-15 所示。

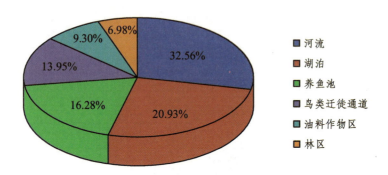

图 1-15　涉鸟故障地理特征分布情况

据图 1-15，发生涉鸟故障的杆塔四周环境，影响从高到低顺序依次为：河流、湖泊、养鱼池、鸟类迁徙通道、油料作物区而后是林区。从图 1-15 中可以发现，排名前三的均属于水源类型。鸟类迁徙通道的影响仅次于水源类型是因为四川是候鸟迁徙途中重要的中转站。若尔盖地处世界候鸟迁徙通道的关键位置，鸟类一年的活动非常频繁，这使得附近的输电线路杆塔发生鸟线冲突的可能大大增加。

1.6　涉鸟故障的杆塔特性

输电线路杆塔涉鸟故障发生率与杆塔结构关系很大。通过对全国各地历年涉鸟跳闸故障统计数据进行分析，国家电力科学研究院的资深专家们认为涉鸟故障的发生率与电压等级、导线排列方式、杆塔形式以及绝缘子串型有关，而与绝缘子材质的关联不大。为掌握发生涉鸟故障杆塔的结构特性与规律，对近年来四川电网发生的 43 起涉鸟跳闸故障的电压等级、杆塔类型、导线排列方式及绝缘子串型进行统计，如表 1-3 所示。

表 1-3　鸟线冲突杆塔结构特征

序号	线路名称	杆塔号	电压等级	杆塔类型	导线排列方式	绝缘子串型
1	桃棉线	31	220 kV	直线塔	水平	直线型
2	南西线	145	220 kV	直线塔	水平	直线型
3	南西线	195	220 kV	直线塔	水平	V 型
4	南西线	314	220 kV	直线塔	水平	直线型
5	江河二线	15	220 kV	直线塔	水平	V 型
6	天大线	23	220 kV	耐张塔	垂直	直线型
7	赤丰线	209	220 kV	耐张塔	水平	直线型
8	东平一线	27	220 kV	直线塔	三角形	直线型
9	东平三线	21	220 kV	直线塔	三角形	直线型
10	冬枣线	23	220 kV	直线塔	水平	直线型
11	冬枣线	29	220 kV	直线塔	三角形	直线型
12	龚桥一线	76	220 kV	耐张塔	水平	直线型
13	范江二线	25	220 kV	直线塔	水平	直线型
14	铜平南线	78	220 kV	耐张塔	水平	直线型
15	赤天二线	45	220 kV	直线塔	三角形	直线型
16	赤天二线	111	220 kV	直线塔	三角形	直线型
17	赤天二线	117	220 kV	直线塔	三角形	直线型
18	宝袁一线	29	220 kV	直线塔	垂直	直线型
19	宝丰西线	131	220 kV	耐张塔	水平	直线型
20	铃新二线	48	220 kV	直线塔	水平	直线型
21	河安线	33	220 kV	直线塔	三角形	直线型
22	河安线	45	220 kV	直线塔	三角形	直线型
23	巴定线	62	220 kV	直线塔	水平	直线型
24	黄范一线	59	220 kV	直线塔	水平	直线型

序号	线路名称	杆塔号	电压等级	杆塔类型	导线排列方式	绝缘子串型
25	云华线	64	220 kV	耐张塔	三角形	直线型
26	古五东线	42	220 kV	直线塔	三角形	直线型
27	江昌线	19	110 kV	直线塔	水平	V 型
28	丰魏线	8	110 kV	耐张塔	水平	直线型
29	长小线	24	110 kV	直线塔	水平	直线型
30	高南一线	12	110 kV	直线塔	三角形	直线型
31	高南二线	13	110 kV	直线塔	水平	直线型
32	白铁线	10	110 kV	直线塔	水平	直线型
33	天峰线	51	110 kV	耐张塔	水平	直线型
34	天南线	9	110 kV	直线塔	三角形	直线型
35	孙仙线	112	110 kV	直线塔	三角形	直线型
36	洪桅线	55	110 kV	直线塔	垂直	直线型
37	明二线	73	110 kV	直线塔	水平	直线型
38	魏卿线	58	110 kV	耐张塔	水平	直线型
39	谭乐一线	44	500 kV	直线塔	水平	直线型
40	二普二线	238	500 kV	直线塔	三角形	V 型
41	二普三线	349	500 kV	直线塔	三角形	V 型
42	雅蜀一线	11	500 kV	直线塔	垂直	直线型
43	普天线	442	500 kV	直线塔	水平	V 型

得出如下结论：

（1）在 110 kV、220 kV 和 500 kV 三个电压等级中，110 kV 的输电线路杆塔发生鸟线冲突最多，且该电压等级杆塔对鸟线冲突发生概率的影响度最大，主要是因为电压等级越低、绝缘子串绝缘距离越短，就越容易因鸟巢材料或鸟粪短接绝缘间隙而造成线路跳闸。

（2）直线塔在发生鸟线冲突的杆塔中所占比例较大，这是由于直线塔的塔身结构更方便鸟类驻留。

（3）导线为水平排列的杆塔相较于导线为三角形排列、垂直排列的杆塔更容易发生鸟线冲突。这是因为鸟类在水平排列导线的中线上方横担处筑巢稳固性好，使得鸟类多选择在此处筑巢，鸟巢一旦筑成，鸟类就在此定居，其活动时间将会增加，排粪次数也将增加，导致线路跳闸几率变大。

（4）V 型绝缘子串更容易发生鸟线冲突。主要有两个方面的原因：首先，V 型串是倾斜排布，同时鸟粪在下落过程中是发散的，相对于直线串，鸟粪更容易在 V 型串绝缘子表面堆积；其次，V 型串两只复合绝缘子夹角较大，便于鸟类站立停留，此处符合大部分鸟类筑巢条件，故更容易发生鸟线冲突。

1.7 涉鸟故障治理意义

鸟类作为大自然的重要成员，从人类文明历史发端起，就同人类有着极为密切的关系，鸟类在维护生态平衡、保护自然界绿色植物方面作用很大，其种群数量的稳定对于生态系统内能量流动、无机物质的循环、生态系统及物种多样性的稳定等具有重要意义。以湿地草原为例，鸟类种群数量的下降，特别是以鼠兔为食的大鵟等猛禽的数量下降，会造成鼠兔快速繁殖，鼠兔不仅啃食草叶草根，而且掘洞翻土，加剧湿地草原土壤退化，造成大面积寸草不生的"黑土滩"，严重影响湿地草原生态环境和牧民的正常生活。

因此，应当开展输配电线路涉鸟故障治理，化解生态环境保护与输配电线路安全稳定运行两者之间的矛盾，通过涉鸟故障治理，建立绿色通道，保护生物多样性，维护涉鸟故障频发地区的生态平衡，保护珍稀鸟类，提升生态价值，助力人与自然和谐共生。同时，涉鸟故障治理能够减少涉鸟故障引发的线路跳闸和停电损失，保障电网安全，提升供电可靠性和当地居民的用电幸福感，维护了电网的良好品牌形象，实现生态保护和电网和谐发展的双赢。

第 2 章　涉鸟故障鸟类活动特性

2.1　鸟类种群、数量及区域分布

2.1.1　种群的概念及影响因素

种群是指一定空间中同种个体的集合。它占有一定的领域，是同种个体通过种内关系有机地组成的一个统一的系统。但种群有时候也会包括不同种个体的混合，为了区别开来，将不同种个体的混合称之为混合种群，与单种种群相对。种群不仅是物种存在的基本单位，也是生物群落的基本组成单位。

影响动物种群的因素分为生物因子和非生物因子。生物因子主要包括种间因素和种内因素；非生物因子则主要包括气候、地形等自然条件因素。生物因子对种群的影响，通常与种群本身的密度有关；而非生物因子对整个种群的影响是均等的。

种间因素包括捕食、寄生和种间竞争共同资源等，这些因素的作用通常是密度制约性的。比如，引起鸟类密度制约性死亡的原因可能有三个：食物短缺、捕食和疾病。有学者认为食物是决定性的，因为鸟类中只有少数成鸟死于捕食或疾病；食物丰富的地方，鸟类数量就高；每一种鸟都吃不同的食物，如果不把食物看成限制因素就难以解释这种食性的分化现象；鸟类因食物而格斗，尤其是在冬季。

种内因素则是指种群内部通过各种方式调整种群结构以适应新的环境变化，主要包括行为调节、内分泌调节、遗传调节等形式。

2.1.2　动物区系的概念

我国的动物区系分属于古北界和东洋界，在我国范围内以喜马拉雅山脉至横断山脉再沿秦岭-淮河为界，此线以北为古北界，以南为东洋界。古北界和东洋界还被进一步划分为动物地理区和亚区。根据张荣祖的研究，我国的地理区划分为两界三亚界七区十九亚区，各自拥有典型代表性的生态地理动物群。具体划分见表 2-1、图 2-1。

表 2-1　中国动物地理区划（中国科学院《中国自然地理》编辑委员会）

界	亚界	区	亚区	生态地理动物群
古北界	东北亚界	I 东北区	I$_A$大兴安岭亚区	寒温带针叶林动物群
			I$_B$长白山亚区	温带森林、森林草原、农田动物群
			I$_C$松辽平原亚区	
		II 华北区	II$_A$黄淮平原亚区	
			II$_B$黄土高原亚区	
	中亚亚界	III 蒙新区	III$_A$东部草原亚区	温带草原动物群
			III$_B$西部荒漠亚区	温带荒漠与半荒漠动物群
			III$_C$天山山地亚区	高山森林、草甸草原、寒漠动物群
		IV 青藏区	IV$_A$羌塘高原亚区	
			IV$_B$青海藏南亚区	
东洋界	中印亚界	V 西南区	V$_A$西南山地亚区	亚热带森林、林灌、草地、农田动物群
			V$_B$喜马拉雅亚区	
		VI 华中区	VI$_A$东部丘陵平原亚区	
			VI$_B$西部山地高原亚区	
		VII 华南区	VII$_A$闽广沿海亚区	热带森林、林灌、草地、农田动物群
			VII$_B$滇南山地亚区	
			VII$_C$海南岛亚区	
			VII$_D$台湾亚区	
			VII$_E$南海诸岛亚区	

图 2-1　中国动物地理区划图

2.2　中国鸟类多样性分布概况

2.2.1　中国鸟类的分布特征

根据中国观鸟年报记录，中国有鸟类 1501 种，涉及 28 目 115 科。根据公布的野生动物保护名录，鸟类中有 92 种国家一级保护野生鸟类，302 种国家二级保护野生鸟类。

中国的鸟类分布呈现为东部鸟类多样性较高，西部较低，在新疆北部和藏东南地区呈现一定程度的鸟类多样性。鸟类活动主要集中在我国东部的候鸟迁徙路线途经的区域、西南山地和西南、华南热带地区。其中秦岭至岷山、邛崃山、大小相岭直至云南有一大片鸟类多样性丰富的区域。总体来说，云南省鸟类种数最多，其次是四川。

目前我国的重点保护鸟类主要分布在我国的中部、东部和南部区域内海拔较低、人口密集的湿地、农田、草地和近自然林内，还有云南的西部森林及新疆北部区域。

鸟类随着每年的季节变化，规律性地往返于繁殖地和越冬地的现象被称为迁徙。具有迁徙习性的鸟类被称为候鸟；而全年都在繁殖地，没有迁徙现象的鸟类则被称为留鸟。候鸟又可分为夏候鸟、冬候鸟和旅鸟。对于一个固定地点而言，夏候鸟指的是春夏季节迁来的鸟类，冬候鸟则是指秋冬季节迁来的鸟类，而旅鸟则是在迁徙过程中经过此处的鸟类。一般来说，我国的鸟类在春夏季节迁往北方进行繁殖，而在秋冬季节则迁往南方进行越冬。

对于鸟类迁徙的研究一直存在较大的难度。过去我们只知道鸟类会随着季节进行迁徙，但关于它们从何处迁徙到何处以及是否中途停歇等信息都没有得到充分的研究。然而，近年来卫星跟踪技术在鸟类研究中得到了广泛应用，逐渐揭示了鸟类迁徙的规律和范围。尽管如此，目前的研究仍处于追踪珍稀濒危物种上，还无法掌握所有鸟类的迁徙规律，只能了解一些大致情况。

如图 2-2 所示，世界上大致划分了 9 条主要的迁徙线路，分别是东亚-澳大利亚迁徙线路、西太平洋迁徙线路、中亚-印度迁徙线路、西亚-东非迁徙线路、地中海-黑海迁徙线路、大西洋东部迁徙线路、大西洋西部迁徙线路、密西西比迁徙线路、太平洋东部迁徙线路。我国涉及的迁徙线路分别是东非-西亚迁徙线、中亚迁徙线、东亚-澳大利西亚迁徙线和西太平洋迁徙路线。

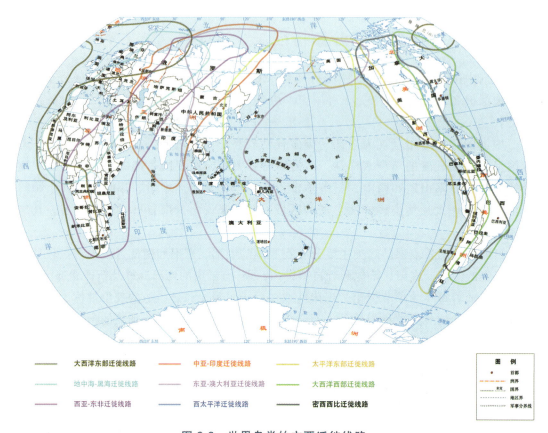

图 2-2 世界鸟类的主要迁徙线路

　　在我国主要的迁徙线路如图 2-3 所示，我国西部到东部均有鸟类迁徙的通道，但还是可以主要划分为三条迁徙线路，分别是西部迁徙线路：在新疆、内蒙古西部、甘肃、青海等的候鸟往四川盆地和云贵高原越冬；中部迁徙路线：在内蒙古东部、中部草原，华北西部以及陕西地区繁殖的候鸟，秋季开始进入四川盆地，或继续向华中以及更南的地区越冬；东部迁徙路线：在俄罗斯、日本、朝鲜半岛以及我国东北与华北东部繁殖的湿地水鸟，春、秋季节会通过我国东部沿海地区进行南北方向的迁徙。

图 2-3　中国鸟类迁徙线路（中国海洋与湿地鸟类）

2.3 鸟线冲突涉及的鸟类活动特性及故障特征

2.3.1 鸟类的基本特征

鸟类是脊索动物门鸟纲所有动物的总称，鸟纲的特征为体表被羽、恒温、卵生、前肢成翼，有时退化。为了便于描述鸟类特征，我们把鸟类身体的各个区域按照图 2-4 进行命名。

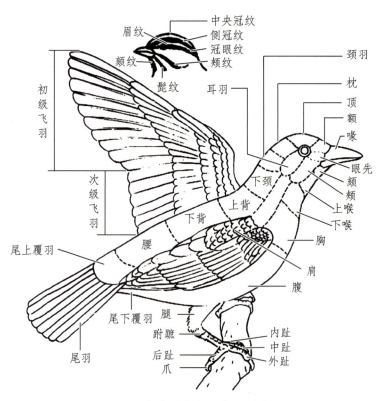

图 2-4 鸟类的各部分名称对应图

2.3.2 鸟类活动特征

为了方便对鸟类进行描述和归类，一般将其划分为六个生态类群，分别是鸣禽、攀禽、陆禽、猛禽、涉禽和游禽。

鸣禽： 鸣禽是鸟类中数量和种类最多的类群。它们由鸣管控制发音，能发出婉转动听的鸣声，故称鸣禽。基本为雀形目鸟类，种类繁多，大多数属小型鸟类；嘴小而强；脚较短而强。多数种类树栖生活，少数种类为地栖。鸣禽以留鸟居多。图 2-5 所示为金翅雀。

图 2-5　金翅雀（黄建）

攀禽： 攀禽最明显的特征是它们的脚趾两个向前，两个向后，有利于攀缘树木。最典型的就是各种啄木鸟，此外翠鸟一类也属于此类群。攀禽脚短而强健，为对趾足、异趾足或并趾足，适应于在树上攀爬。由于生活习性的差异，攀禽嘴型的变化多种多样。翅膀大多圆形或近圆形，多数种类不善于长距离飞行。攀禽以留鸟居多。图 2-6 所示为大斑啄木鸟。

图 2-6　大斑啄木鸟（黄建）

陆禽：陆禽指大部分时间在地面上活动的鸟类，喙比较短，包括鸡形目、鸽形目鸟类。鸡形目鸟类的嘴强健，适合于在地面寻找食物并啄食；鸽形目鸟类的喙基部大都柔软，尖端稍弯曲，适合于取食植物的种子和果实等。鸡形目大多数种类雄鸟的脚生有距、趾具短钝的爪，可在地面上挖掘食物；翅短圆，多数种类不善飞行。鸽形目鸟类的翅相对较长，善于飞行，有些种类具有迁徙性。鸡形目鸟类多为留鸟，鸽形目鸟类有迁徙行为。图 2-7 所示为山斑鸠，图 2-8 所示为红腹锦鸡。

图 2-7　山斑鸠（黄建）

图 2-8　红腹锦鸡（陕西朝阳村）

猛禽：猛禽为肉食性鸟类，处于食物链顶层。它们的嘴和脚部很锐利；具有良好的视力和听力，便于发现猎物。翅膀强大有力，性凶猛，用利爪捕杀动物，有尖利的钩状喙，大多用它把猎物撕成碎片，是凶猛的掠食性鸟类。鹰形目、隼形目和鸮形目均为猛禽。所有的猛禽均为保护动物。某些猛禽有迁徙行为。图 2-9 所示为黄脚渔鸮，图 2-10 所示为大鵟。

图 2-9　黄脚渔鸮（黄建）

图 2-10　大鵟（黄建）

涉禽：涉禽为常在各类湿地周边活动的鸟类，它们的特征为"三长"，即腿长、颈长和喙长，方便在浅滩内活动和取食。休息时常一只脚站立，大部分是从水底、污泥中或地面获得食物。包括鹤形目、鹳形目、红鹳目和鸻形目等目。大部分有迁徙行为。图 2-11 所示为黑鹳，图 2-12 所示为黑颈鹤。

图 2-11　黑鹳（黄建）

图 2-12   黑颈鹤（王书理）

游禽：游禽为活动于水面上的鸟类，包括雁形目、鸥形目、鹈鹕目等。此类群的特征为喜欢在水上生活，脚向后伸，趾间有蹼，有扁阔的或尖嘴，善于游泳、潜水和在水中掏取食物，大多数不善于在陆地上行走，但飞翔很快。大部分有迁徙行为。

图 2-13   普通燕鸥（黄建）

2.3.3 鸟线冲突涉及的鸟类

与电网有着密切关系的鸟类在不同地点和不同生境内有不同的分布和类型。比如在高山草甸为主的若尔盖地区，以大鵟、隼等为主的猛禽类鸟类对电网的影响较大；在西藏林周，由于农田和湿地的存在，这里是黑颈鹤的栖息地，此区域内黑颈鹤对电网的影响较大；山东东营、江西鄱阳湖以湿地为主，此处对电网影响较大的则是东方白鹳等涉禽。在山地森林为主的区域，比如陕西秦岭区域，则是喜鹊等鸟类对电网影响较大。此外，还有一些其他的鸟线冲突的案例，例如：

在天津市滨海新区，2021 年 11 月发现了 4 只撞上高压线的东方白鹳，其中 3 只死亡。东方白鹳是国家一级保护鸟类，也是 IUCN 红色名录濒危物种，这样的损失对其种群的恢复是巨大的打击。

在乌鲁木齐市，2019—2021 年间，记录到 49 只灰鹤撞上高压线。灰鹤是国家二级保护鸟类，也是中国特有的鹤类，是中华文化的象征之一，其数量已经十分稀少，每一只的死亡都是不可估量的损失。

2018 年和 2019 年，在甘肃盐池湾国家级自然保护区，出生的黑颈鹤幼鸟，在越冬地西藏自治区林周县的主要死亡原因是撞击电线。黑颈鹤是国家一级保护鸟类，也是 IUCN 红色名录近危物种，是世界上唯一能在高原生活的鹤类，是青藏高原的特有物种，其数量仅有一万多只，是存在濒危风险的鸟类。

根据国家电网的统计，2021 年，根据各网省公司 5381 余次观测记录及相关研究成果如表 2-2 所示，鸟线冲突涉及的主要鸟种有：东方白鹳、黑鹳、红隼、大鵟、大嘴乌鸦、秃鼻乌鸦、喜鹊、灰喜鹊、黑领椋鸟、丝光椋鸟、苍鹭、大白鹭、夜鹭、中白鹭、白鹭、池鹭、游隼、普通鵟、苍鹰、鹗、长耳鸮、雕鸮、灰雁、鸿雁、豆雁、棕背伯劳、红尾伯劳、乌鸫、灰椋鸟、黑卷尾、灰卷尾、白头鹎、黄鹂、八哥、家燕、黑枕黄鹂、珠颈斑鸠、大杜鹃、大鸨、红嘴鸥和戴胜等。

按分布区域分，华北地区鸟线冲突相关的主要鸟种为喜鹊、黑鹳等，东北、西北地区以喜鹊、鹳、鹰等猛禽为主，华中、华东地区以喜鹊、乌鸦、麻雀、黑领椋鸟等小型鸟类为主。按鸟线冲突类型分，引起鸟巢类故障的主要鸟种有喜鹊、灰喜鹊、大嘴乌鸦、秃鼻乌鸦、黑领椋鸟、夜鹭、苍鹭、东方白鹳、黑鹳等；引起鸟粪类故障的主要鸟种有东方白鹳、黑鹳、苍鹭、大白鹭、灰雁、豆雁、普通鵟、大鵟、夜鹭、喜鹊、灰喜鹊、大嘴乌鸦、秃鼻乌鸦、灰领椋鸟等；引起鸟体短接类故障的主要鸟种有东方白鹳、黑鹳、白鹭、灰雁、大鵟、普通鵟等；引起鸟啄类故障的主要鸟种有喜鹊、灰喜鹊、大嘴乌鸦等。

表 2-2　2021 年各省公司 5381 次观测记录鸟种

分布区域	运维单位	主要鸟种
华北地区	国网北京公司	黑鹳、红隼、乌鸦和喜鹊
	国网天津公司	喜鹊、苍鹰、苍鹭、金雕、燕鸥、东方白鹳
	国网河北公司	喜鹊、灰鹤、黑鹳
	国网冀北公司	雁鸭类、鸥类、苍鹭、天鹅、丹顶鹤、苍鹰
	国网山东公司	黑鹳、苍鹭、大白鹭、灰雁、豆雁、普通鵟、鹗鹞
	国网山西公司	黑鹳
东北地区	国网辽宁公司	苍鹭、鹰、东方白鹳
	国网吉林公司	喜鹊、雀鹰、乌鸦、大嘴乌鸦、红隼、燕隼
	国网黑龙江公司	喜鹊、雀鹰、白鹭、东方白鹳
	国网蒙东公司	黑鹳、喜鹊、乌鸦、猎隼、红隼、雀鹰
西北地区	国网陕西公司	红隼、燕隼、鵟、白鹭、苍鹭、黑鹳、灰雁、鸬鹚
	国网甘肃公司	乌鸦、喜鹊、灰喜鹊、苍鹭、大雁、隼
	国网青海公司	大鵟、秃鹫
	国网宁夏公司	喜鹊、灰鹤
	国网新疆公司	乌鸦、麻雀、白鹳、鹰
	国网西藏公司	乌鸦、鹰、秃鹫
华中地区	国网湖北公司	白鹭、牛背鹭、夜鹭、东方白鹳、白头鹎、鹮嘴鹬、池鹭、白额雁、白腰杓鹬、白尾鹞
	国网湖南公司	喜鹊、乌鸦、东方白鹳、白鹭
	国网河南公司	黑鹳、红隼、喜鹊、灰喜鹊、大嘴乌鸦、秃鼻乌鸦
	国网江西公司	东方白鹳、黑领椋鸟、黑鹳、鸬鹚
	国网四川公司	秃鹫、老鹰、喜鹊、乌鸦、麻雀、白头翁
	国网重庆公司	夜鹭、苍鹭、红隼、喜鹊、灰喜鹊、大白鹭、鵟
华东地区	国网上海公司	麻雀、乌鸦、野鸽子、家燕
	国网江苏公司	喜鹊、东方白鹳、麻雀、喜鹊
	国网浙江公司	喜鹊、麻雀、黑领椋鸟
	国网安徽公司	东方白鹳、灰喜鹊、大雁
	国网福建公司	大嘴乌鸦、喜鹊、八哥、白鹇、白鹭、老鹰

总之，在每个区域都需要进行实地调查来确认本地区内对电网影响较大的鸟类，以便针对性地提出防护措施。

由于篇幅有限，本书仅介绍鸟线冲突中主要涉及的一些鸟类，方便开展相应的防护措施。如有其他鸟类的信息需要了解，可参考本书介绍鸟类的结构（形态特征、生境与习性、食性、繁殖），自行搜索鸟类的信息。

1. 大　鵟

拉丁学名：*Buteo hemilasius*，属鹰形目鹰科，是国家二级保护野生动物。它是一种大型猛禽，体长 56～71 cm，是我国鵟中个体最大的类群。大鵟的体色变化较大，上体通常为暗褐色，下体白色至棕黄色，而且具有暗色斑纹，或者全身均是暗褐色或黑褐色，尾具 3～11 条暗色横纹，跗跖前面通常被羽。外形上与普通鵟、毛脚鵟很相似，但是体型比前两者大，飞翔时棕黄色的翼下具有白色斑。由于大鵟体色变化较大，在野外同一地区往往能看到多种色型的大鵟。图 2-14 所示为大鵟在电杆上啄绝缘子。

图 2-14　大鵟在电杆上啄绝缘子（黄建）

1）形态特征

大鵟可分为淡色型、暗色型和中间型。淡色型较为常见，其特征是：头顶至后颈为白色，微沾棕色，并且具褐色纵纹；上体土灰褐色，具淡棕色或灰白色羽缘和淡褐色羽干纹；尾上覆羽淡褐色，具黑褐色横带，偶尔缀有少许白色斑点；尾羽淡褐色，具 7～8 条暗褐色横斑和灰白色先端；尾羽基部内侧和羽轴为白色；翅上覆羽灰褐色，具淡棕色或灰白色羽缘；外侧初级飞羽黑褐色，内侧基部白色；内侧几枚初级飞羽和次级飞羽灰褐色，具暗褐色横斑；内侧白色而沾棕灰色，先端白色；下体白色，颏、喉和胸部具稀疏的淡褐色纵纹；上腹和两胁具宽阔而显著的淡棕褐色纵纹，腿覆羽棕褐色，羽缘淡黄白色，下腹至尾下覆羽近白色，翅下覆羽和腋羽棕黄色，具褐色斑。暗色型全身除外侧几枚初级飞羽和尾羽外，均为暗褐色，羽干黑褐色；头、颈、胸具棕黄色羽缘，背、肩及翅上覆羽淡褐色，外侧 5 枚初级飞羽端部黑褐色、基部外侧灰褐色，内侧白色，杂以褐色斑，其余飞羽暗褐色，具黑褐色横斑；尾羽灰褐色，具 8 条深褐色横斑及较宽的亚端斑和白色端斑。中间型体羽主要为暗棕褐色。幼鸟似成鸟，但背肩部以及翅上飞羽和覆羽均具浓棕黄色羽缘；下体羽基部白色，端部褐色，颏和喉具棕褐色羽干纹；胸、腹侧和两胁具棕褐色纵纹；腹近黑褐色，基部灰白色，羽缘棕黄色，尾下覆羽黄褐色，其余似成鸟。多种色型外表虽不同，但还是有其共同点：虹膜均为黄褐色或黄色，嘴黑褐色，蜡膜黄绿色，脚和趾黄色或暗黄色，爪黑色。

2）生境与习性

大鵟栖息于山地和山脚平原与草原地区，也会出现在高山林缘和开阔的山地草原与荒漠地带、垂直分布高度可到 4000 m 以上的高原地区。冬季也经常出现在低山丘陵和山脚平原地带的农田、芦苇沼泽、村庄甚至城市附近。昼行性。常单独或者小群活动。飞行时两翼鼓动较慢，常在中午天暖和的时候在空中圈形翱翔，休息时多栖息于地上、山顶、树梢和杆塔等突出物体上。大部分的大鵟为留鸟，但也有部分迁徙。如果迁徙，一般 3～4 月到达繁殖地，10—11 月离开繁殖地。

3）食　性

大鵟主要以啮齿动物、蛙、蜥蜴、野兔、蛇、鼠兔、旱獭、雉鸡、石鸡等动物为食。觅食方式以在空中飞翔寻觅或站在高处等待捕获物为主。

4）繁　殖

大鵟的繁殖期为 5～7 月，自然条件下通常在悬崖峭壁或大树上营巢，附近一般有小的灌木掩护。在电网附近的大鵟则会利用杆塔上合适筑巢区域营巢，不再考虑周围植被条件情况。巢呈盘状，可多年利用，自然条件下每年都会补充巢材，因此多年使用的巢直径可达 1 m。主要的巢材有干树枝、干草、毛发、碎片和破布。通常产卵 2～

4枚，偶尔有多至 5 枚的，卵赭黄色，被有红褐色和鼠灰色斑，多见于钝端，卵时大小为（56～70）mm×（43～52）mm。由雌雄亲鸟轮流孵化，孵化期约为 30 天。雏鸟为晚成鸟，由雌雄亲鸟共同育幼；雏鸟间竞争激烈，常有晚孵化雏鸟不能繁殖成功的情况。大约经过 45 天的巢期生活后，雏鸟即能飞翔和离巢，独自进行捕食生活。

2. 黑颈鹤

拉丁学名 *Grus nigricollis*，属鹤形目鹤科，国家一级保护野生动物。大型涉禽，体长 110～120 cm。颈、脚甚长，通体灰白色，眼先和头顶裸露的皮肤呈现暗红色，头和颈褐色，故得名黑颈鹤；尾和脚也是黑色，特征十分明显，容易识别。黑颈鹤如图 2-15所示。

图 2-15 黑颈鹤（姜楠）

1）形态特征

雌雄外表相似，单从形态上无法分辨雌雄。眼先和头顶裸露、呈红色，被有少许像头发一样的黑色短羽；其余头和颈黑色；眼先下方有一灰白色斑块。初级飞羽黑褐色；三级飞羽黑色，特别长，呈弓状，羽端羽枝分散成丝状，覆于尾上；尾灰黑色，羽缘沾棕色，肩羽浅灰黑色，羽端灰白色；其余体羽全为灰白色，羽缘沾淡棕色。虹膜淡黄色，嘴角黄色，先端灰绿色，胫跗出部、跗跖、趾和爪黑色。

2）生境与习性

黑颈鹤栖息于海拔 3000～5000 m 的高山草甸沼泽和芦苇沼泽以及湖滨草甸沼泽和河谷沼泽地带，以及附近的农田。除繁殖期常成对、单只或者家族群活动外，其他季节多成群活动，特别是冬季在越冬地，经常集成数十只的大群。昼行性，从天亮开始活动，一直到黄昏，大部分时间都用于觅食。中午多在觅食地或沼泽边、湖边浅滩处休息，单脚站立，将嘴插入背部羽毛中。清晨或有危险时经常发出"guo-guo-guo"或"gage-gage"的叫声，声音洪亮、高昂。黑颈鹤具有在休息地与觅食地之间来回飞迁的特征。黑颈鹤为迁徙鸟类，通常在 3 月中下旬到达繁殖地，10 月中到达越冬地，一般 3～5 只成群迁徙，也有多至 40～50 只的大群集体迁徙的情况。迁徙时常呈"人"字或"一"字队形。

3）食　性

黑颈鹤主要以植物叶、根茎、块茎、水藻、玉米等为食，也会捕食一些昆虫和小型鱼类、两栖类动物。

4）繁　殖

黑颈鹤繁殖期在 5-7 月，为一雄一雌制。在到达繁殖地后，即开始配对和求偶。具有仪式化的求偶行为，求偶时有跳舞和共鸣行为，雌雄鹤头伸向前方，并发出"ge-ge-ge"的叫声，彼此呼应，一前一后相伴行走。然后雌鸟半展两翅，脚腿微曲，同时发出"duo-duo-duo"的叫声，雄鸟跟着对鸣，同时从后面跃到雌鸟背上进行交尾。黑颈鹤通常营巢于四周环水的草墩上或茂密的芦苇丛中，巢甚简陋，主要由就近收集的枯草构成。每窝通常产卵 2 枚，也有只产 1 枚的。卵为椭圆形，暗绿色、淡绿色或橄榄灰色。其上密被褐色或棕褐色斑，尤以钝端较密。第一枚卵产出后即开始孵卵，由雌雄亲鸟共同孵化，以雌鸟为主，孵卵期 30～33 天。黑颈鹤的雏鸟是早成鸟，孵出后当日即可行走。

3. 东方白鹳

拉丁学名：*Ciconia boyciana*，属鹳形目鹳科，是国家一级保护野生动物。它是一种大型涉禽，体长 110～128 cm。嘴粗而长，黑色；脚甚长，红色，胫下部裸露。站立时体羽白色，尾部黑色。飞行时头、颈向前伸直，脚向后，远远突出于尾部，全身除飞羽黑色外，全为白色，野外容易识别。东方白鹳如图 2-16 所示。

图 2-16　东方白鹳（温立嘉）

1）形态特征

嘴长而粗壮，嘴基较厚，往尖端逐渐变细。体羽（包括尾在内）主要为白色。翅上大覆羽、初级覆羽、初级飞羽和次级飞羽黑色，具绿色或紫色光泽。初级飞羽基部白色，内侧初级飞羽和次级飞羽外侧除羽缘和羽尖外，均为银灰色，向内逐渐转为黑色。前颈下部有呈披针形的长羽，在求偶期间能竖直起来。虹膜粉红色，外圈黑色，眼周裸露皮肤、眼先和喉朱红色，脚红色。幼鸟与成鸟相似，但飞羽羽色较淡，呈褐色，金属光泽较弱。

2）生境与习性

繁殖期主要栖息于开阔而偏僻的平原、草地和沼泽地带，特别是有稀疏树木生长的河流、湖泊、水塘、水渠岸边和沼泽地上，有时也栖息和活动在远离居民点、具有岸边树木的水稻田地带，是典型的湿地鸟类，所以在湿地周边的杆塔也会成为其筑巢区域。冬季主要栖息地在开阔的大型湖泊和沼泽地带。除繁殖期成对活动，其他季节经常成群活动，特别是在迁徙季节，经常成可达上百只的大群。觅食时常成对或小群在水边或草地与沼泽地上，边走边啄食。休息时常单腿或双腿站立于水边沙滩上或草地上。也喜欢在栖息地上飞翔盘旋，能利用热气流在空中滑翔。性机警而胆小，经常避开人群。昼行性鸟类，觅食时间主要集中在 6:00—7:00 和 16:00—18:00，中午休息或在上空盘旋。通常在巢附近 500 m 范围内觅食，食物缺乏时也会飞离至巢 6 km 以外的地方进行觅食。夏季繁殖期多单独或成对觅食，秋冬越冬时则成小群觅食。一般在每年 3 月开始迁往繁殖地，9—10 月开始迁往越冬地。

3）食　性

东方白鹳主要以鱼为食，也吃蛙、小型啮齿类等，以动物性食物为主。

4）繁　殖

东方白鹳在 3 月迁来繁殖地后并不会立即开始繁殖行为，通常会先在河流和湖泊附近觅食，3 月下旬开始分散进入繁殖状态。巢区在自然条件下一般选择无干扰或干扰较小、食物丰富而又有稀疏树木或小块丛林的开阔草原和农田沼泽地带。常成对孤立地在各类高大树木上营巢，在有杆塔的区域偏向于使用明显高于树木的铁塔合适位置进行营巢。雌雄亲鸟共同营巢，巢呈盘状，外径 120～230 cm，内径 50～74 cm，深 15～35 cm，高 50～200 cm。每年会对旧巢进行修理和加高，所以使用多年的巢会变得相当庞大。在繁殖期间也会不时地对巢进行修补和增高、增宽。营巢时间多在上午进行。交配在巢上，整个营巢和产卵期间，均有交配行为发生。每窝产卵 4～6 枚，也有 2～3 枚的记录，通常隔 1 天产 1 枚卵。卵白色，呈卵圆形。产出第一枚卵后即开始孵卵，孵卵由雌雄亲鸟共同负责，以雌鸟为主，每天轮换 2～4 次，晚上则全由雌鸟孵卵。卵期 31～34 天。雏鸟为晚成鸟，刚孵出时全身有白色绒毛，嘴橙红色，雏鸟由雌雄亲鸟共同喂养，55 日左右可进行短距离飞行，60～63 日后随亲鸟离巢觅食，不再回窝。

4. 喜　鹊

拉丁学名：*Pica pica*，属雀形目鸦科。它是一种中型鸦科鸟类，体长 38～48 cm。头、颈、胸和上体黑色，腹白色，翅上有一大型白斑。常栖于房前屋后树上，特征明显，容易识别。

1）形态描述

喜鹊的整个头、头侧、颈、颈侧、颏、喉、胸、背，一直到尾上覆羽都是黑色，头、颈带紫蓝色金属光泽，背沾蓝绿色金属光泽，肩羽白色，腰杂有灰白色，尾黑色，具铜绿色金属光泽，末端有蓝和紫蓝色光泽带。翼上覆羽黑色，外侧有蓝绿色光泽，初级飞羽内外侧均黑色，具蓝绿色金属光泽。虹膜黑褐色，嘴、脚黑色。喜鹊如图 2-17 所示。

图 2-17 喜鹊（黄建）

2）生境与习性

喜鹊主要栖息于平原、丘陵和低山地区，尤其是山麓、林缘、农田、村庄、城市公园等人类居住环境附近，是一种喜欢和人类为邻的鸟类。除繁殖期间成对活动外，常成 3—5 只的小群活动，秋冬季常集成数十只的大群。白天常到农田等开阔地区觅食，傍晚飞至附近高大的树上、电线和电塔上休息，有时也会与乌鸦、寒鸦等混群活动。性机警，觅食时常有一鸟负责守卫，即使成对觅食时，也是轮流分工守候和觅食。飞行能力强，在地上活动时则以跳跃式前行。常边飞边叫，成群时，叫声甚为嘈杂。全国性留鸟。

3）食　性

喜鹊的食性较杂，食物组成随着季节和环境进行变化。夏季主要以昆虫等动物性食物为主，冬季则主要以植物种子为主。与人类活动较为密切，常有取食人类垃圾的行为。

4）繁　殖

喜鹊的繁殖较早，在气候温和的地区，一般在 3 月初就开始筑巢繁殖，寒冷一点的地区在 3 月中下旬也会开始繁殖，一直持续到 5 月。喜鹊非常善于筑巢，营巢地点的选择也多样，松树、杨树、柳树、榆树等高大乔木都是其选择的筑巢点，电杆、铁塔，甚至变压器等区域也能成为它的筑巢地，能形成分叉固定的高处，喜鹊都喜欢在上面筑巢。喜鹊巢主要由枯树枝构成，远看似一堆乱枝，实则较为精巧，近似球形，有顶盖，外层为枯树枝，间杂有杂草和泥土，内层为细的枝条和泥土，内垫有麻、纤维、草根、苔藓、兽毛和羽毛等柔软物质。巢的大小为外径 48-85 cm，内径 18—25 cm，高 44-60 cm。出入口形状为椭圆形，直径为 9-11 cm×10-15 cm，开在侧面稍下方。营巢时间 20-30 天。巢筑好后即开始产卵，每窝产卵 5-8 枚，有时多至 11 枚，1 天产 1枚卵，多在清晨产出。卵为浅蓝色或蓝色或灰色或灰白色，上面密布褐色或黑色斑点，卵为卵圆形或长卵圆形。卵产齐后即开始孵化，雌鸟孵卵，孵化期 17 ± 1 天。雏鸟晚成性，刚孵出的雏鸟全身裸露，粉色，雌雄亲鸟共同育雏，30 天左右雏鸟离巢。

2.4　鸟线冲突各类型特征

2.4.1　鸟体接触类

一些大型鸟类，翅展可以达到 1～2 m，而电线之间的距离（或者电线和横担之间的距离）短，特别是在耐张杆上的地方，电线拐角距离就更短。有时候，还会出现几只鸟一起在电杆上嬉戏打闹，两只鸟在不同电线上活动，碰撞到一起就引起短路，被电死的情况。此外，还有一些大型鸟类，在飞行过程中，由于速度过快、体型过大、在空中不易转向，直接撞击到电线上导致死亡。

2.4.2　鸟巢类

在野外，影响鸟类巢址选择的因素有很多，大部分鸟类首先考虑的是安全。在缺乏隐蔽物的情况下，巢筑在高处，就会提供更多的安全保障和更好的视野。根据我们的观察，在森林多的地方，杆塔上的鸟巢就会少一些；在森林少的地方，鸟巢就会多一些。所以在农田、草原这类生境中，鸟类就更容易在杆塔上筑巢。除了高度因素，电网的杆塔也更稳固，不会随风摇摆，杆塔上一些特殊位置，如耐张杆（电线转角处的电杆）和电塔的三角交叉处更吸引鸟类筑巢。鸟类使用的巢材大部分都是小木棍，这些小木棍可能掉落到电杆的绝缘子和电线之间，一下雨，木棍变湿，就会导致短路；另外，有些鸟类还会使用铁丝等作为巢材，这些落到电线上就会直接引起短路。在110 kV 线路的绝缘子串上的鸟巢如图 2-18 所示，在 35 kV 线路绝缘子串上的鸟巢，搭建在护鸟设备（防鸟刺）上如图 2-19 所示。

图 2-18　在 110 kV 线路的绝缘子串上的鸟巢（黄建）

图 2-19　在 35 kV 线路绝缘子串上的鸟巢，搭建在护鸟设备（防鸟刺）上（黄建）

2.4.3   鸟粪类

鸟粪引发的鸟线冲突是最常见的。鸟类为了适应飞行，直肠非常短，不能贮存大量粪便，所以随时随地都有可能排便。同样是为了适应飞行，大部分鸟类也没有膀胱。所以，鸟类也没有大小便的区别，每次排泄都是粪便和尿液一起排出。这种混合物具有导电性，落到电杆的绝缘子或者铁塔的绝缘子串上，粪便会沿着绝缘子或绝缘子串表面流下来，引起线路短路。甚至在一些特高压的电塔，鸟粪在下落过程中都不需要接触绝缘子串，只要靠近绝缘子串就会引发高电压击穿空气而引起短路。

以上三种就是鸟线冲突表现的主要情况，除此之外，还有一些不常见，但是也会造成很大危害的情况。比如，有些鸟类有啄绝缘子的习惯，会导致绝缘子损坏，破坏绝缘功能；有些小型鸟类会进入破损的配电箱内进行筑巢，直接引起配电箱内的短路；蛇类等捕食者被电杆上的鸟巢吸引，爬上电杆，连接到电线导致短路；大群鸟类的群起群落导致电线震荡，两根电线触碰导致短路。

2.5   鸟线冲突相关监测

2.5.1   监测的重要性

从生态学上讲，野生动物监测可以帮助了解野生动物的种类、数量、分布、活动、行为、健康、繁殖等特征和状态，为评估物种的生存质量、确定保护等级以及制定相应保护策略提供科学依据；还可以帮助发现和预防野生动物的灭绝威胁，如栖息地丧失、偷猎和贩运、人类与野生动物的冲突、气候变化等，为野生动物的紧急救援和恢复提供及时有效的信息和措施；对于生态系统中的关键动物，监测获取的数据可以帮助控制其种群的数量和结构，防止种群数量过多或过少对生态系统的不利影响，维持生态平衡和稳定。

而对于电力设施设备附近相关区域的鸟类活动监测以及鸟线冲突情况的监测，可以为制定相应的护线爱鸟措施提供科学依据；还可以为护线爱鸟措施的效果评估提供第一手资料，以便相应措施的改进。

2.5.2　鸟类活动监测的内容

相比一般的鸟类生态学监测，电网所开展的鸟类活动监测需要进行特定内容的调查。根据现有调查经验，一般需要调查：鸟类出现地点、种类、数量、所在生境类型、是否在杆塔上活动、杆塔上的活动区域、杆塔上的行为；在安装护鸟器的区域，要增加对护鸟器反应行为的调查；在安装人工鸟巢的区域，要记录鸟巢使用情况；如有鸟类在杆塔附近死亡，同样需记录死亡情况，最好当场可以判断出其死亡是否为杆塔或电线所致。各地在开展鸟类活动监测时需要按本地区特征进行本地化改进，本文只是提出一些通用性的调查内容和方法。

2.5.3　鸟类监测的方法

监测使用工具：望远镜、长焦镜头、GPS（可用能记录点位的手机替代）、鸟类手册（可使用"懂鸟"等鸟类识别 app 替代）。

建议监测时间：根据当地涉鸟故障的类型进行制定，如涉鸟故障在鸟类繁殖时期比较多，建议就在繁殖期间开展监测活动；更建议将鸟类活动监测与日常巡线结合起来。

监测使用表格及注意事项如表 2-3 所示。

表 2-3　国家电网项目鸟线冲突鸟类样线记录表

调查样线：　　调查日期：　　　调查人员：　　调查方式：驾车/行走
调查时间：　　调查时长（h）：　天气状况：　　样线长度（km）：

生境类型	鸟类物种	数量	是否站在线路上（打钩）	其他行为（例如搭巢、群鸟聚集起落）	其他信息

注：

调查方式可以是驾车/行走或两者结合，驾车短时间内能覆盖更长的样线，但可能会漏掉一些小型鸟类。

样线确立：根据栖息地类型（尽可能覆盖项目地较多的栖息地类型和潜在鸟类物种）、可行性等商量确定需要进行鸟类监测的线路，一天之内完成一条或数条样线。样线编号自行确定。样线在地图软件中绘制标出或者记录轨迹。鸟类调查最好能在不同季节做至少 2 次，以对当地的鸟类组成、居留性有更好的认识。

数量：同一物种多次观察到，次数不是特别多时可在数量栏以 3+5+6+20 这种形式记录。如有必要，同一物种亦可分多条记录。

生境类型：林地（阔叶/针叶）、灌丛、草原、湿地、农田等，或更具体的小生境描述，如农田边的水塘/防风林等等。

与输电线路有关的行为：如站在电线上、站在电线杆上、在电线杆上筑巢、集群在电线附近的水塘/湿地/农田休息/觅食等，如有必要，可估计鸟群（主要针对大型鸟类如雁鸭、猛禽、鹤类、黑鹳）离电线的水平距离。

其他信息：可能有用的信息，如繁殖情况、附近是否有"生命鸟巢"，等等。

补充：与当地国网公司商量，可以邀请感兴趣的员工一起参与鸟类调查，增强兴趣和鸟类识别技能、鸟类保护意识。

2.5.4　涉鸟故障情况监测的内容

根据巡线内容，可以将记录的鸟线冲突情况按照表 2-4 进行整理，方便统计和分析相关数据。

表 2-4　鸟线冲突情况记录表

序号	日期	负责单位	线路名称	电压等级	涉鸟故障类型	处理方式	备注

注：

序号：事件顺序；

日期：涉鸟故障发生事件；

负责单位：涉鸟故障发生所在供电所/供电公司/线路负责部门；

线路名称：涉鸟故障发生所在的线路名称；

电压等级：涉鸟故障发生所在线路的电压等级；

涉鸟故障类型：鸟巢类/鸟体接触类/其他类型（描述）；

处理方式：清理鸟巢/加装护鸟器/加装鸟巢；

备注：其他需备注的情况。

第3章　涉鸟故障治理措施

　　随着全球生态环境持续改善，鸟类数量大幅增长，特别是在草原、湖泊、湿地区域，日益改善的环境和气候孕育了水草丰茂的地理环境，吸引了大量鸟类栖息，每年3—8月是鸟类繁殖期，大量鸟类筑巢产卵。特别在湿地草原，因为缺少高大树木，高高耸立的线路杆塔成为喜欢在高处栖息捕食的鸟类筑巢的必选之地，随着越来越多的鸟类在输配电线路附近活动和筑巢，鸟类生存与输电线路安全运行的"鸟线冲突"也日益凸显，鸟类活动给电网安全埋下了不可控的安全隐患。同时，在湿地草原，大鵟、红隼、草原雕等珍稀鸟类误撞架空输电线路触电伤害事件时有发生，对当地生态和环境保护以及电网安全造成不利影响。据统计，输电线路涉鸟故障已成为除雷害和外力破坏之外，引发线路跳闸的第三大原因。大鵟和红嘴山鸦在阿坝若尔盖 10 kV 若阿线杆塔和导线上栖息如图 3-1 所示，珍稀鸟类大鵟在阿坝若尔盖 110 kV 若真线 19#铁塔上筑巢如图 3-2 所示，阿坝湿地草原没有高大树木，输电线路杆塔成为鸟类筑巢必然地，如图 3-3 所示。

图 3-1　大鵟和红嘴山鸦在阿坝若尔盖 10 kV 若阿线杆塔和导线上栖息

图 3-2　珍稀鸟类大鵟在阿坝若尔盖 110 kV 若真线 19#铁塔上筑巢

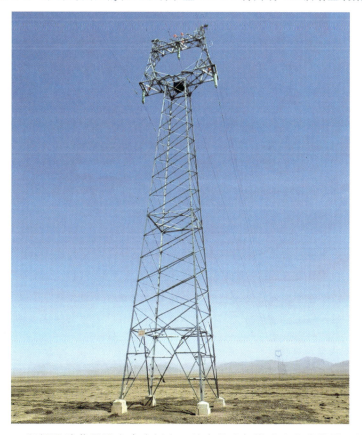

图 3-3　阿坝湿地草原没有高大树木，输电线路杆塔成为鸟类筑巢必然地

因此，开展输配电线路鸟线冲突涉鸟故障治理，化解"鸟线冲突"，是电网企业保障电网安全运行和保护生态环境的当务之急。

3.1 涉鸟故障风险等级划分原则

涉鸟故障风险等级是根据鸟类分布、人类干扰度、地理环境和运行经验等因素结合故障类型从低到高划分为Ⅰ、Ⅱ、Ⅲ共三个等级，不同的故障类型划分原则也有所差别。鸟粪类、鸟体短接类故障风险等级划分原则如表3-1所示。

表 3-1 鸟粪类、鸟体短接类故障风险等级划分原则

风险等级	划分原则
Ⅰ	未发生该故障的区域； 人类活动频繁，不处于鸟类迁徙通道内； 河流、水库、湿地、海洋等水域周边6 km范围外； 未发现主要涉鸟故障鸟种活动的区域
Ⅱ	近5年来发生3次以下该类故障的区域（杆塔周边6 km范围内）； 杆塔周边6 km范围内区域，大型鸟类活动较少（1年内该区域统计到大型鸟类活动5次及以下）区域； 树木较稀疏、人类活动较少的河流、水库、湿地、海洋等水域周边6 km范围； 发现有主要涉鸟故障鸟种活动的区域
Ⅲ	近5年来发生3次及以上该类故障的区域（杆塔周边6 km范围内）； 杆塔周边6 km范围内区域，大型鸟类或种群规模较大的鸟类活动区域（1年内该区域统计到大型鸟类或种群规模较大活动5次以上）； 处于候鸟迁徙通道内的河流、水库、湿地、海洋等水域周边6 km范围内
注1：各省可根据区域特点，以运行经验为主，适当进行调整。 注2：鸟类活动区域可根据杆塔或绝缘子上的鸟粪痕迹、鸟类羽毛等作为统计依据；可与当地野生动物保护组织联系，以更清晰地了解本区域内鸟类活动情况	

表 3-2　鸟巢类、鸟啄类故障风险等级划分原则

风险等级	划分原则
Ⅰ	未发生该类故障的区域； 杆塔上未发现鸟巢或未发现复合绝缘子有鸟啄痕迹； 非农田区域和森林覆盖较好的区域； 未发现主要涉鸟故障鸟种活动的区域
Ⅱ	近 5 年来发生该类故障的杆塔周边 3～6 km 的区域； 发现鸟巢较多或鸟啄现象的杆塔周边 3～6 km 的区域； 树木较稀疏，人类活动较少的区域； 主要涉鸟故障鸟种活动的农田、草原、戈壁、湿地等周边 3～6 km 的区域
Ⅲ	近 5 年来发生该类故障的杆塔周边 3 km 范围内区域； 发现鸟巢较多或鸟啄现象的杆塔周边 3 km 范围内区域； 主要涉鸟故障鸟种活动的农田、草原、戈壁、湿地等周边 3 km 范围内区域

注：各省可根据区域特点，以运行经验为主，适当进行调整；可与当地野生动物保护组织联系，以更清晰地了解本区域内鸟类繁殖情况

涉鸟故障风险分布图应每 3 年修订一次。当涉鸟故障风险影响因素发生较大变化时，涉鸟故障风险分布图应及时调整。

3.2　输配电线路杆塔防护区范围

防治鸟巢类故障，应根据杆塔构件尺寸选择防鸟设备进行封堵。封堵范围为：110 kV、220 kV 线路边相横担头封堵长度不应小于 0.8 m；中相封堵范围不应小于悬挂点两侧向外各 0.6 m。

防治鸟粪类故障，应根据需要合理配置防鸟设备等装置。鸟粪闪络防护范围，为阻隔鸟粪下落，以绝缘子挂点为中心的圆形区域，其半径与电压等级相对应。不同电压等级防护范围对应表如表 3-3 所示。

表 3-3　不同电压等级防护范围对应表

电压等级	防护范围
110（66）kV	0.25 m
220 kV	0.55 m
330 kV	0.85 m
500 kV	1.2 m
750 kV	1.5 m

其他电压等级线路防护范围可根据运行经验及研究成果确定。海拔高度 1000 m 及以上地区防护范围应适当扩大。

3.3　防鸟装置配置原则

对涉鸟故障风险为Ⅰ级的架空输电线路区段，可不安装防鸟装置。

对涉鸟故障风险为Ⅱ级的架空输电线路区段，应根据运行经验对重要线路杆塔安装防鸟装置。

对涉鸟故障风险为Ⅲ级的架空输电线路区段，每基杆塔应安装防鸟装置。

330 kV 及以上电压等级架空输电线路可不安装防范鸟巢类故障的装置。

3.4　国内涉鸟故障主要治理方式及存在的问题

面对鸟类对输电线路造成的安全隐患，为减小鸟类对线路的影响，国内电力行业通常采用以 "堵+驱" 为主的防治方式。目的是直接隔开鸟类和电网设备的接触、限制鸟类在杆塔防护区的活动以及使用电子式驱鸟器对鸟类进行驱离来开展涉鸟故障治理。

传统防治主要采用固定不变的方式，大多采用在线路杆塔防护区装设静态站位类防鸟设备，限制鸟类在杆塔防护区的活动，如防鸟刺、防鸟针板、防鸟网等；安装防鸟网、防鸟挡板、大伞裙绝缘子等阻隔类防鸟设施等，直接隔开鸟类和电网设备接触的挡鸟方式；使用激光（固定波长）、超声波（固定频率）和声音频闪（几种声音和强光频闪按照固定设置进行切换）原理的电子驱鸟装置对进入杆塔防护范围的鸟类进行驱离。

"堵+驱"的防治方式存在的问题：一是其治理策略缺少对鸟类特征和活动规律分析，无法根据鸟的类型、地域环境，差异化地制定涉鸟故障治理策略，存在防鸟方式单一、防护范围小，针对性差；盲目驱鸟，易对鸟类造成伤害；对驱鸟效果和鸟类伤害状况不能评估分析，不能动态调整护鸟和防鸟措施等问题。二是防鸟设备不具备升级换代能力，对不同种群的鸟类使用同一设备进行治理，且鸟类具有极强适应性，防鸟效果会越来越差。三是如果对鸟类在杆塔的活动只采取堵和驱的方式，特别是无森林地区，鸟类的活动和生存环境被人为干扰和破坏后，会与人类进行长期抗争，鸟类在高电压等级线路杆塔被驱赶后，会到低电压的杆塔、低压台区和线路上活动，同样会造成线路故障跳闸。四是缺少对珍稀鸟类的保护，不满足维护生态平衡和保护生物多样性要求。

3.4.1　国内常用的防鸟措施介绍

国内电力行业所采用的防鸟措施分为静态类防鸟措施和动态类防鸟措施。

静态类防鸟装置主要有防鸟刺、防鸟挡板、防鸟盒、防鸟罩、防鸟针板、防鸟护套等，安装在输配电杆塔防护区，通过物理站位和封堵实现对涉鸟故障的防治，其结构为固定不变的静态结构。

与静态防鸟设备相对应的是动态防鸟设备。动态防鸟设备区别于防鸟针板等静态防鸟设备，以电力杆塔使用较多的防鸟针板为例，其为固定连接的静态设备，外观、形态、针刺长度、间距固定不变，存在让鸟类易适应等问题。而动态防鸟设备，采用光滑的碗状、球状或滚动式设计并设置反光板或反射镜，具有随风而动和反射光等特性，其反光效应能够干扰鸟的视觉，并且独有的动态效应让鸟类难以适应，无法驻足，动态驱鸟设备与依靠"触感"防护等传统防鸟设备相比，动态和反光特性不会对鸟造成伤害。

3.4.1.1　防鸟刺

防鸟刺是指由多根针状金属丝组成，一端散开呈伞状，另一端在底部集中固定在杆塔上的防鸟设施。目的是防止鸟类栖息、泄粪的设施。

防鸟刺包括防鸟刺本体和连接金具。防鸟刺分为防鸟直刺（FNCZ）、防鸟等径弹簧刺（FNCT）和防鸟异型弹簧刺（FNCY）三类。连接金具按照连接形式可分为 U 型和 L 型，按照功能可分为倾倒型（Q）和非倾倒型（FQ）。

1. 应用范围

防鸟刺应用范围很广，几乎所有杆塔都适用，主要用于防止鸟类在杆塔上关键位置停留，预防鸟粪类涉鸟故障。110（66）kV、220 kV、330 kV、500 kV、750 kV 架空输电线路鸟粪闪络防护范围应分别为 0.25 m、0.55 m、0.85 m、1.2 m、1.5 m。其他电压等级线路防护范围可根据运行经验及研究成果确定。海拔高度 1000 m 及以上地区防护范围应适当扩大。

2. 安装工艺要求

外观、尺寸及材质要求应符合《架空输电线路涉鸟故障防治技术导则》（GB/T 35695—2017）要求。

3. 防鸟刺安装要求

（1）防鸟刺应牢固安装在绝缘子串上方的杆塔构件上，其数量和尺寸应满足防护范围要求；

（2）安装时防鸟刺的刺针应全部打开，防鸟刺最大夹角应不小于 150°，呈伞状；

（3）特殊环境下，可考虑防鸟刺倒置安装方式。

4. 效果评估及应用建议

防鸟刺作为物理占位类的防鸟装置，具有结构简单、使用方便、安装便捷、牢固可靠等优势，是电力行业内预防涉鸟故障的主要方式之一。但防鸟刺对材料要求较高，若材质不良，在长时间运行后容易产生变形，影响其使用效果，并且钢针的断落、锈蚀也会在一定程度上威胁线路的安全运行。另一方面，现在普遍使用的防鸟刺的长度对小型鸟类的站位有效，而对鹭、鹳、鹊等大型的鸟类效果并不好；并且还出现小型鸟类利用防鸟刺筑巢的情况。

建议依据线路风险等级，增加防鸟刺的使用数量，加强防鸟刺的安装规范，现有鸟刺对大型鸟类起不到防鸟护作用，建议对于部分杆塔增加鸟刺长度或增加底座的高度，设计中间鸟刺长两侧周边鸟刺短的结构，分层次进行防护；也可以采用防鸟刺倒置安装方式。并定期对防鸟刺进行维修，防止其失效。防鸟刺防护范围不足时，应考虑与防鸟挡板、防鸟针板、声光类型等防鸟装置组合使用，提升涉鸟故障的防范效果。

3.4.1.2　防鸟挡板

防鸟挡板是固定在输电线路绝缘子串上方的水平或小角度倾斜的挡板，用于防范鸟粪污染绝缘子串。防鸟挡板采用复合材料板、环氧树脂板、不锈钢板、PC 板等构成，现应用较多的为 PUS-UV 板，即聚碳酸酯（PC）与抗紫外线层 UV 共挤而成。复合材料板、环氧树脂板均为环保材料，重量轻、抗冲击力性能好。其具有优良的抗紫外线性能，野外运行环境适应性较好。采用 L 性支架固定在铁塔角钢上，有效的解决了常规绑扎方式下，防鸟挡板易脱落和位移的问题。

1. 应用范围

防鸟挡板主要应用于 110 ~ 220 kV 输电线路鸟粪类故障防治。

2. 安装工艺要求

（1）防鸟挡板安装后，杆塔荷载不应超过设计要求。

（2）防鸟挡板外形尺寸按照横担宽度结构设计制作，防鸟挡板的宽度大于横担宽度 50 mm。

（3）防鸟挡板安装在横担上，与横担挂接牢固，固定支架使用 4.8 级 M16×40 镀锌螺栓连接紧固，紧固螺栓可采用双螺母，并加装防松动锁止螺母及平垫和弹簧垫圈。

（4）防鸟挡板制作完成后，表面应光洁、平整，不允许有裂纹等。

（5）防鸟挡板安装在绝缘子串上方的横担处，应采用专用夹具，专用夹具使用 4.8 级 M16×40 热镀锌螺栓连接紧固，紧固螺栓应采取可靠的防松措施。

（6）防鸟挡板固定或连接方式应综合考虑防风、防冰和防积水等要求。安装后，防鸟挡板的导线正上方侧应略高，与水平面成 10° ~ 15°倾斜角，防止积水，并且应满足停电、带电检修时不影响操作的要求。

（7）防鸟挡板的尺寸应满足相应电压等级要求的保护范围，挡板宽度应每侧超出横担宽度 5 cm，不同横担结构安装方式见图 3-4、图 3-5。

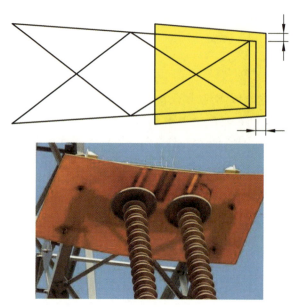

图 3-4　方横担边相防鸟挡板安装示意图和现场图

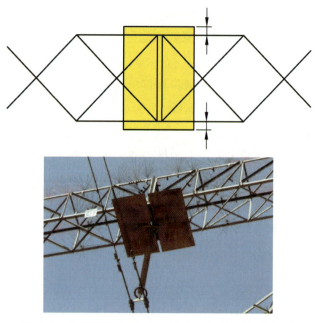

图 3-5　方横担中相防鸟挡板安装示意图和现场图

（8）防鸟挡板安装在绝缘子串上方的横担处，板材应使用金属框架固定，金属框架与杆塔之间宜使用 L 型连接金具固定连接。

（9）防鸟挡板与杆塔连接点应不少于 4 处，当防鸟挡板顺横担方向大于 1.6 m 时每块挡板应至少增加 2 处连接点。

（10）防鸟挡板固定或连接方式应综合考虑防风、防冰和防积水等要求。防鸟挡板靠近导线的一侧应略高，与水平面成 10°～15°倾斜角，防止积水。

3. 效果评估及应用建议

防鸟挡板能够有效防止防护范围内的鸟粪跌落到绝缘子，引起短路的鸟粪类故障。同时，因其表面光滑，不利于鸟巢的搭建，对鸟巢类故障也有一定的防护作用。防鸟挡板造价相对较高、拆装不方便、可能积累鸟粪，不适用于风速较高的地区；安装封堵不严时存在涉鸟故障防护漏洞在多块挡板的缝隙，仍有可能出现鸟巢杂草下挂的现象，特别是干字型杆塔情况较为多见。

可大面积封堵横担，造价相对较高、拆装不方便、可能积累鸟粪，不适用于风速较高的地区；安装封堵不严时存在涉鸟故障防护漏洞。防鸟挡板在部分线路上应用良好，但是会给线路检修工作带来一定的不便，建议根据实际情况选择性安装。建议在以树枝或杂草（特别是长度较长的树枝或杂草）为主要筑巢材料的鸟种活动区域，横担防鸟挡板下方导线上可配合安装防鸟护套、绝缘子串上配合安装防鸟罩等措施，防止鸟巢边草下垂对导线放电。针对大型鸟类活动区域，应结合运行经验落实差异化防鸟治理，实施防鸟挡板与防鸟刺及风车驱鸟器结合的防鸟方式。需要注意防鸟挡板老化后缝隙增大、封堵效果下降问题，及时检查、更换。考虑安装在横担下方的绝缘子可能磨损绝缘子和金具的情况，大风天气较多的地区或高电压等级线路不建议应用。对于鸟类活动频繁地区，防鸟挡板可能累积鸟粪，雨季时雨水冲刷挡板，鸟粪污染绝缘子，应注意及时清理。

3.4.1.3　防鸟盒

防鸟盒填充于架空输电线路绝缘子串上方杆塔构架，是防止鸟类在杆塔构架内筑巢的盒状设施，由树脂或纤维增强塑料制成，应无裂纹、折痕、气泡、孔洞、缝隙等缺陷。防鸟盒的形状、尺寸应与安装处的杆塔构架的形状和尺寸相符合。

1. 应用范围

防鸟盒主要适用于鸟巢类涉鸟故障。110(66)kV、220 kV、330 kV、500 kV、750 kV

架空输电线路鸟粪闪络防护范围应分别为 0.25 m、0.55 m、0.85 m、1.2 m、1.5 m。其他电压等级线路防护范围可根据运行经验及研究成果确定。海拔高度 1000 m 及以上地区防护范围应适当扩大。

2. 安装工艺要求

外观、尺寸及材质要求应符合标准《架空输电线路涉鸟故障防治技术导则》（GB/T 35695—2017）要求。

防鸟盒安装要求如下：

（1）防鸟盒安装于绝缘子串上方的横担处，通过防鸟盒内预埋设固定螺栓再与杆塔之间，使用 L 型连接金具固定连接。

（2）防鸟盒与杆塔的连接不少于 4 处。

（3）防鸟盒的安装应紧靠导线挂点，安装后应能有效封堵绝缘子挂点周边横担的空间，不应明显留有封堵间隙。必要时应根据具体塔形在防鸟盒上开槽（孔），保障封堵效果。

（4）防鸟盒的尺寸应满足相应电压等级要求的保护范围。对于导线水平排列的中间横担，在挂点正上方至少安装 2 个侧面紧贴的防鸟盒。杆塔横担顺线路宽度大于 1800 mm 时，可采用 2 个防鸟盒顺线路方向并排封堵。

3. 效果评估及应用建议

防鸟盒对于杆塔重点部位的防护比较理想，防止鸟类在其防护范围内筑巢。鸟巢类型涉鸟故障在使用防鸟盒后明显减少。但是可能出现鸟类挨着防鸟盒筑巢现象。

防鸟盒主要防范大型鸟种在封堵处筑巢，且能一定程度阻挡鸟粪下泄。防鸟盒制作尺寸不准确或与横担尺寸不匹配，应用过程中可能导致横担处封堵空隙，小型鸟种可能在防鸟盒和塔材间隙筑巢。防鸟盒不易拆装，一定程度影响线路停电或带电作业。

安装防鸟盒时，应注重安装质量，缩小防鸟盒和横担塔材间隙或进一步封堵防鸟盒和塔材间缝隙，可以组合使用防鸟刺或防鸟针板封堵塔材间隙，避免小型鸟类筑巢。

3.4.1.4　防鸟针板

防鸟针板包括固定式防鸟针板和伸缩式防鸟针板。伸缩式防鸟针板由刺针、刺针承载体和连接金具三部分组成，刺针应采用铆接工艺，可进行拼接使用。伸缩式防鸟针板每节应包含 20 片刺针承载体，包括 16 片双孔承载体和 4 片单孔承载体。刺针承载体采用厚度 1.3 mm 的 304 不锈钢板制备，可进行收缩、拉伸。防鸟针板主要应用于输电线路鸟粪类和鸟巢类故障防治。伸缩式防鸟针板是由多个 "X" 型伸缩架依次铆接而成，"X" 型伸缩架由两条价差叠放的羁绊铆接而成，其中相邻两个 "X" 型伸缩架毛接触设置有垂直于 "X" 型伸缩架的针体，并且防鸟针板两端设置有用以与防鸟刺和安装底座连接的通孔，防鸟刺包括下轴、上轴、收拢孔和钢刺，下轴底端开设有带螺纹的内孔，通过螺丝与防鸟针板的通孔以及所述下轴底端的内控连接，进行固定。按钢针的排列方式不同，分为单排刺、双排刺、三排刺及多排刺防鸟针板。钢针与钢板的连接采用氩弧焊或电阻焊方式。

1. 应用范围

防鸟针板主要应用于不满足防鸟刺安装条件的杆塔横担位置，以及防鸟刺安装后仍有防护空隙的地方。110 kV、220 kV、330 kV、500 kV 线路导线挂点金具止上力为圆心，半径分别为 0.6 m、0.8 m、1.2 m、1.4 m 的圆（《架空输电线路防鸟装置技术规范》Q/GDW 12075—2020）。其他电压等级线路可依据运行经验及研究成果确定防护范围。高海拔（>1000 m）地区以及 V 串结构型式绝缘子的防护范围应适当扩大。

2. 安装工艺要求

在《架空输电线路涉鸟故障防治技术导则》（GB/T 35695-2017）中规定的固定式防鸟针板的基础上，新增了伸缩式防鸟针板，并对其结构和技术参数进行了规定：

（1）根据需安装针板位置塔材（或组合塔材）的宽度来确定针板宽度，当塔材宽度在 70 mm 及以下，使用单排刺防鸟针板，塔材宽度在 70～110 mm 时使用双排刺防鸟针板，塔材宽度在 120～200 mm 时使用三排刺防鸟针板，针板安装处需覆盖的宽度大于 200 mm 时使用多排刺防鸟针板。

（2）安装范围应满足不同海拔高度、不同电压等级防鸟半径的要求，在安装范围内不得出现死角、漏装、安装空隙不得超过 50 mm。

（3）安装时不应在杆塔横担上重新打孔，应采用专用夹具。固定件应紧固牢靠，拆装方便，每块针板上夹具或连接螺栓不得少于 2 套。伸缩式防鸟针板的固定应采用 L 型连接金具，伸缩式双排防鸟针板结构示意图参见图 3-6。

（4）防鸟针板安装要牢固可靠，不得出现倾斜及掉落现象。

（5）防鸟针板应根据塔材大小设置单排、双排或三排针板，现场装拆方便。

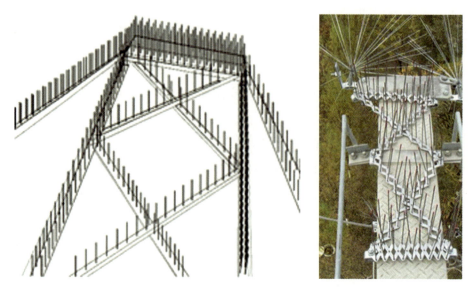

图 3-6 防鸟针板安装效果示意图和现场图

3. 效果评估及应用建议

防鸟针板单独应用时，对小型鸟类有较好防护效果，部分线路安装防鸟针板后，喜鹊类型涉鸟故障明显减少。

防鸟针板与防鸟刺组合应用时，有较好防鸟应用效果，防护范围广，建议加强组合应用。

防鸟针板对安装有较高要求，且存在影响检修工作的风险，使用前应做好评估。

3.4.1.5 防鸟罩

防鸟罩按照材质的不同可分为硅橡胶防鸟罩和玻璃钢防鸟罩，其中硅橡胶防鸟罩主要材料是硅橡胶，通过高温硫化一次成型；玻璃钢防鸟罩的基本材料是不饱和聚酯树脂，增强材料采用无碱成分的玻璃纤维。安装在悬垂绝缘子上方，阻挡鸟粪、异物下落时接触或靠近绝缘子边缘，是确保绝缘子串不发生短路和周围电场不发生严重畸变的防鸟装置，主要防范鸟粪类涉鸟故障。

1. 应用范围

主要应用于鸟粪类故障的防范，以 110 kV、220 kV 线路为主。

2. 安装工艺要求

防鸟罩在防鸟罩和球头连接部位应有防水措施，罩面应采用斜面，与水平面的角度控制在 10°～30°；罩面分离对接处应保证贴合紧密，对接后缝隙不大于 0.5 mm；罩面中心开孔处尺寸应保证与球头挂环契合，安装后缝隙不大于 0.5 mm，并加设硅橡胶密封垫。

3. 效果评估及应用建议

防鸟罩对于鸟粪类故障的防范有较好的效果，但是整体来看 110 kV 线路应用效果相对较好，部分 220 kV 线路应用在防护范围方面较难满足 0.55 m 的鸟粪闪络防护范围的需要，防鸟罩的面积过小，水平面夹角过小，都会对防鸟性能造成影响，不能有效防范大量鸟粪堆积在复合绝缘子造成绝缘子闪络隐患。

防鸟罩需要保证防护范围，否则防护效果将受影响。

硅橡胶防鸟罩存在大伞软化下垂防护范围减小的问题，可以考虑选用内含硬性支架的防鸟罩，但是需要避免绝缘子端部的电场畸变。

防鸟罩适用于不易安装防鸟刺的横担下方绝缘子上，或者与防鸟刺相互配合，起到互补作用。

3.4.1.6　防鸟护套

防鸟护套是包裹绝缘子串高压端金具及其附近导线的绝缘护套，防止鸟粪或鸟巢材料短接间隙引起闪络。

防鸟护套包括导线护管和金具盒。

1. 应用范围

防鸟护套主要适用于鸟粪类涉鸟故障。主要应用在 220 kV、500 kV 架空输电线路鸟粪闪络防护。

2. 安装工艺要求

绝缘护套的根据塔型的不同安装位置也有差异，同时需要对杆塔上避雷器等附属设施进行特殊安装。

直线杆塔安装：直线杆塔安装绝缘护套时，应先开盖检查，确保各部金具完好后用相应金具护套将金具包裹，然后将导线护套一端与金具护套连接，将导线护套另一端安装至防振锤处。直线杆塔上绝缘护套的安装效果图如图 3-7 所示。

图 3-7 直线杆塔上绝缘护套的安装效果图

　　耐张杆塔安装：耐张杆塔安装绝缘护套时，应先开盖检查，确保跳线节点连接可靠后用相应金具护套将金具包裹，然后用导线护套包裹导线跳线。耐张杆塔上绝缘护套的安装效果图如图 3-8 所示。

图 3-8 耐张杆塔上绝缘护套的安装效果图

　　绝缘护套采用的是卡扣和专用胶水双保险固定方法，确保其固定牢固。绝缘护套卡扣与胶固定效果图如图 3-9 所示。

图 3-9　绝缘护套卡扣与胶固定效果图

3. 效果评估及应用建议

防鸟护套能够对各类型涉鸟故障有较好应用效果，但对大型鸟类鸟体短接类故障防护效果不太理想，且需要注意安装后长时间风化对防鸟护套的磨损，另外要注意绝缘包覆对线路防雷效果的影响。此外，由于防鸟护套对金具及导线有遮挡，不便于对金具及导线进行检查的线路使用防鸟护套时应综合评估。

防鸟护套安装要求高，安装前应做好检查，避免断股隐患，另外为避免积水，安装时应注意开口向下。

3.4.1.7　防鸟风车

防鸟风车的工作原理是以自然风力为动力源，采用转动干扰和反光干扰两种形式对鸟类进行惊吓驱赶，由在支架上安装三个相隔 120°的风碗组成，在风碗上加装镜片，风轮在风力推动的作用下转动，反光镜片在驱鸟区域形成散光区，使鸟类在风轮转动或强光照射时受到惊吓，从而远离电力杆塔，实现驱鸟的目的。防鸟风车如图 3-10 所示。

1. 应用范围

防鸟风车主要适用于鸟窝类涉鸟故障，可以运用到 110～220 kV 电力线路上，可以起到驱离鸟类的作用，对防止鸟巢类，鸟体短接类事故有显著效果，但风力驱鸟器一般由塑料盒吸铁石构成，很难抵御较高杆塔上的大风天气，容易出现折断或者脱落，故一般应用在 21 米以下杆型上，能起到较好的防护效果。

图 3-10 防鸟风车

2. 安装工艺要求

防鸟风车安装简便，只需吸附固定在铁质横担上即可应用于任何杆塔，且便于拆卸和移动。

3. 效果评估及应用建议

防鸟风车安装初始阶段能够对鸟巢类型涉鸟故障有较好的应用效果，但随着使用时间延长，鸟类适应风车后，杆塔鸟类活动频次可能恢复至安装风车之前的水平。

3.4.1.8 电子式驱鸟装置

电子式驱鸟装置安装在架空输电线路杆塔上，通过发出声响、光波驱赶鸟类，防止其在杆塔上停留的电子装置。

常见的电子式驱鸟装置主要有声光驱鸟和激光驱鸟等装置。声光驱鸟装置通过雷达或红外检测到鸟类靠近，通过超声波、模仿鸟类天敌语音、强光闪烁等方式对靠近杆塔的鸟类进行驱离。激光驱鸟装置通过激光发射器发射特定波长的"棒状"绿色激光对杆塔保护区进行不间断扫描，实现对鸟类驱赶的防鸟装置。常用的还有集成了激光、超声波、语音驱鸟技术于一体的驱鸟装置。电子式驱鸟装置主要使用固定波长激光、固定频率超声波以及声音频闪方式相对固定（几种声音和强光频闪按照固定设置进行切换），初期有显著，使用效果但随着鸟类对固定声波和频闪等方式的适应会很快失去驱鸟效果。

3.4.1.9　预展开倾倒万向旋转防涉鸟故障装置

预展开倾倒万向旋转防涉鸟故障装置（图 3-11），是按照设计工厂机械自动化预制展开的装置，展开后覆盖面积 800 mm，每一根针刺可自展开，该性能可降低施工人员人身风险，预展开装置可滑动半自动化放倒和复位，方便施工和检修。装置设计最底部一层放射角为 18°，与安装点塔体构件的水平间隙在 10 mm 以内，可以有效防止小型鸟类在设备根部穿行和躲避猛禽追捕等，并因此造成组合间隙距离减小，从而导致短路闪络。

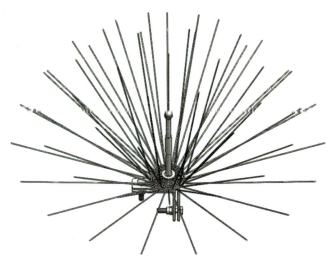

图 3-11　预展开倾倒万向旋转防涉鸟故障装置

1. 应用范围

预展开倾倒万向旋转防涉鸟故障装置主要适用于防止鸟粪类、鸟巢类涉鸟故障。主要应用在 35 kV 以上架空输电线路鸟粪闪络防护。

2. 安装工艺要求

预展开倾倒万向旋转防涉鸟故障装置可安装在塔身任何部位，采用 L 型安装金具用螺栓固定好即可。

3.4.2　常用防鸟措施的问题及改进建议

根据防鸟装置应用情况以及防鸟装置技术特点分析，目前，防鸟装置的应用主要存在以下问题：

（1）防鸟装置的配置与鸟类的活动规律不匹配。

鸟类活动具有较强的随机性和偶然性，受气候条件影响，随着鸟类活动规律、迁徙习性和活动区域的不断变化，鸟类的活动规律也会发生变化，涉鸟故障风险等级在不同季节有不同变化，部分运维单位缺乏对鸟类习性和活动规律的分析和对涉鸟故障高发风险线路区段和时段的判定，对涉鸟故障隐患排查不到位，存在防鸟装置未在涉鸟故障高发期前，对损坏的防鸟设施进行处理，未对高风险区段杆塔及时增补防鸟设备，提高防护等级等问题，导致涉鸟故障频繁发生。

（2）未针对性制定差异化的防鸟措施。

通过对部分省市电网的涉鸟故障数据统计发现，已采用防鸟刺、防鸟盒、防鸟挡板等以封堵方式为主的防鸟装置的部分线路杆塔，仍大量产生鸟巢、鸟粪类涉故障。说明现有的防鸟措施缺乏针对性，未差异化制定精准防鸟措施，存在防鸟设备与线路涉鸟隐患不匹配的问题（如对大型猛禽活动频繁的杆塔安装防鸟直刺，因防护范围不够造成防不住猛禽的问题）例如，没有根据杆塔结构特点合理配置相应的防鸟装置，对杆塔构件尺寸较小部位使用防鸟盒进行封堵，而在杆塔构件尺寸较大的部位不使用防鸟盒封堵或出现防鸟挡板对横担下平面的构架进行覆盖的情况，造成封堵间隙出现而产生鸟粪和鸟巢类故障。

（3）因鸟类对防鸟措施的适应而逐渐失效。

部分防鸟设备，特别是驱鸟类装置，在安装初期通常能够产生较好的防鸟效果，但当鸟类适应这些防鸟措施后，杆塔鸟类活动频次可能恢复至安装之前的水平，给线路运维带来影响。鸟类在阿坝若尔盖110 kV若唐线57#铁塔防鸟针板上筑巢如图3-12所示。

图 3-12　鸟类在阿坝若尔盖110 kV若唐线57#铁塔防鸟针板上筑巢

（4）安装标准和规范落实不到位、防鸟装置选型不当。

落实不到位安装标准和规范：部分涉鸟故障杆塔处于高风险等级区域却未加装防鸟装置；部分早期安装的防鸟装置使用铁丝、铜丝绑扎；防鸟装置因环氧树脂复合材料的厚度未达到要求，导致的老化。防鸟装置选型不当：部分杆塔采取的单一防鸟刺、驱鸟器等防鸟装置无法有效避免大型鸟类泄粪类故障。

（5）防鸟装置参数选择不当。

当防鸟装置参数选取不当时，就无法保障装置的有效防护范围，如防鸟刺的直刺长度、防鸟罩的罩面直径选取不当等，都可能会导致故障的发生。

（6）防鸟装置失效。

一些防鸟装置在运行过程中会失效，尤其是机械式风动型驱鸟装置，轴承容易老化，使其丧失防鸟功效；部分防鸟刺在长期运行过程中发生生锈、弯曲情况；部分地区发现了鸟类在防鸟刺、防鸟针板上筑巢的情况。防鸟装置失去防护作用时会造成涉鸟故障隐患。

（7）单一防鸟装置的防护范围受限。

安装防鸟装置的涉鸟故障线路中，使用单一防鸟设备的情况较多，存在针对某一类型的涉鸟故障防治效果良好，同一杆塔出现两到三种涉鸟故障时，防护范围受限，就达不到防护要求的问题，在一些鸟类活动频繁时特殊地区，因不能实现杆塔防护区段全覆盖，故不能满足防治要求。据统计，只安装单一防鸟装置与安装 2 种及以上防鸟装置的线路相比，发生涉鸟故障跳闸的次数较多，（据统计，安装单一防鸟装置的杆塔数量多于安装多防鸟装置杆塔。

（8）鸟类巡视质量不高。

部分线路运维单位对辖区内涉鸟故障高风险区域，开展鸟类巡视时质量不高、频次不够，对于鸟类搭建在绝缘子上方影响线路运行的天然鸟巢未及时发现和处理，易导致鸟巢类故障。同时，针对天然鸟巢材料短接故障，在巡视时应重点对线路周边线缆、铁丝等进行排查和及时清理，减少鸟类利用该类材料筑巢的隐患。

针对以上问题，本书提出一些改进建议：

（1）科学地开展涉鸟故障鸟类相关调查。

传统的防鸟措施主要的出发点是电力行业方面，缺乏对鸟类活动的了解。所以开展的防护措施主要以被动防护为主，以驱离鸟类远离杆塔为目标进行防护方案的制定。由于跨专业原因，涉鸟故障区域内是何种鸟类、习性如何、分布如何均不知晓，无法采取对性的措施。只能采取通用性的防护措施，但这些措施对本区域的鸟类是否合适也不清楚。所以需要对涉鸟事故进行详细的统计，以便开展分析；并且应开展涉鸟事故鸟类的相关调查，以掌握区域内的鸟类活动情况。

（2）与当地鸟类相关部门开展合作。

由于鸟类所属的专业差距较大，如果只依靠电力从业人员来开展鸟类调查活动难度较大，所以建议与当地的野保部门、鸟类协会、观鸟爱好者等开展合作，以便更好更快地了解当地鸟类的情况。

（3）多种防护装置组合应用。

单一防鸟装置防护范围有限，不能够进行有效的鸟类防护，应根据涉鸟故障风险等级、地貌特征、鸟种和鸟类活动规律，组合使用各种防鸟装置，实现对杆塔的持续有效防护。

① 防鸟挡板与防鸟刺组合使用，安装在 110 kV 及以上电压等级杆塔时，对鸟粪类涉鸟故障有较好解决效果。② 防鸟刺与防鸟挡板、防鸟罩、防鸟针板、声光类型防鸟装置等方式配合使用时，能够明显减少鸟粪、鸟巢、鸟啄类涉鸟故障的发生。③ 防鸟盒和人工鸟巢配合，安装在 110 kV 及以上电压等级直线杆塔时，对鸟巢类型涉鸟故障有较好解决效果。④ 防鸟针板与防鸟刺（导线侧、绝缘子侧）组合应用时，有较好防鸟应用效果，能够有效解决防鸟刺防护范围不足的问题。⑤ 直刺型防鸟刺与防鸟罩组合防鸟装置安装时，能够对鸟粪类涉鸟故障有较好应用效果，部分地区安装直刺型防鸟刺与防鸟罩后，鸟粪类涉鸟故障明显减少。⑥ 防鸟刺与驱鸟器组合应用时，能够对鸟巢类涉鸟故障有较好应用效果。⑦ 人工栖鸟平台与防鸟盒、防鸟挡板等防鸟装置组合时，能较好地防范鸟巢类、鸟粪类涉鸟故障。⑧ 部分防鸟设备对鸟类存在一定的伤害，如防鸟转刺和针板上的尖刺会对鸟身体造成损伤，不利于保护珍稀鸟类，在设计防护方案时，应在满足输电线路防护要求的前提下，对杆塔防护区使用防鸟盒、防鸟挡板、防鸟护罩等不伤鸟的站位和挡鸟设备，几种设备组合运用，提高防鸟效果。

（4）10 kV 杆塔采取局部绝缘处理化措施。

据统计，鸟类特别是大型鸟类在 10 kV 杆塔上栖息易误碰裸露的导线导致触电伤亡，同时造成线路故障跳闸。鸟类在杆塔上活动时，导致带电部位空气间隙缩短而发生相间短路和单相接地短路的情况，特别是湿地草原的配网线路，沿线多大型鸟类，很多中大型鸟类翼展超过 1.5 m，有些可达 3 m 以上，大型鸟类在杆塔上的栖息更容易造成鸟体短接类故障。

为防止鸟体短接类故障，有两种方式可以使用。① 10 kV 线路杆塔本体采取局部绝缘化措施，对杆塔本体带电裸露部位使用绝缘材料进行包裹（加装绝缘护套、绝缘护罩、绝缘导管方式实现杆塔本体绝缘化）。② 对杆塔带电裸露点进行绝缘涂料喷涂方式。上述方式可有效（减少）10 kV 鸟类短接类故障。绝缘护罩和护套，应采用耐高压绝缘材料和韧性好、疏水性强、抗紫外线的材料，这些材料应适用于各种金具和各种类型线夹且不宜脱落。喷涂绝缘材料应选用绝缘性能好，满足耐候性、抗腐蚀性以及设备表面的附着力要求的涂料。

（5）及时更换失效的防鸟设备。

电力行业的输电线设备，特别是鸟类喜欢活动的杆塔区域，大部分处于野外环境，甚至还有一些处于高寒、强风的区域，在此类区域内的设备老化较快，需要进行及时地巡查和更换，避免防鸟设备的失效，从而保证防鸟设备的使用效果。

（6）开展涉鸟故障综合治理。

综合治理是涉鸟故障的新的解决方式。详细信息将在 3.5 节介绍。

3.5　综合治理涉鸟故障

3.5.1　综合治理涉鸟故障的概念

多年来，电网企业针对输配电线路的"鸟线冲突"采取了各种治理措施，但涉鸟故障的发生次数并没有因为防鸟设备的增加而减少，相反在一些特殊地区涉鸟故障发生的次数还呈现逐年上升的趋势。

因此，解决"鸟线冲突"需要采取既能保障电网安全，又不影响鸟类栖息的综合治理策略。在线路杆塔防护区根据鸟类差异化布置多种防鸟设施组合使用进行占位和阻隔。如挡鸟型防鸟驱鸟型防鸟设备组合使用以提升防鸟效果，站位类和阻隔类防鸟设备组合运用等方式防治多类型的涉鸟故障。以"堵"的方式让鸟远离杆塔带电部位，减少鸟类活动对线路运行的影响，同时在杆塔非防护区配置多种结构的引栖鸟装置和人工鸟巢，以"疏"的方式为不同种群鸟类提供栖息空间。用驱、防、引方式实现"疏堵结合"，有效化解"鸟线冲突"。

"堵"的方面，应差异化选用防鸟装置，针对不同的鸟类和其活动规律，选用不同的一种或多种防鸟装置。例如，四川省阿坝州阿坝县的 35 kV 阿吉线，线路由 110 kV 阿坝变电站至 35 kV 求吉玛变电站，全长 77.618 km，共 260 基铁塔，途经农田区域，海拔 2900 m；经山地区段，海拔 4200 m；途经草原区域，海拔 3900~3600 m。跨越农田 26 基，高山 76 基，湿地草原 158 基。线路周边无林区，农田区域，鸟类分布较少，以小型鸟类为主，山地区域鸟类主要为乌鸦、红嘴山鸦、喜鹊等中小型鸟类；湿地草原区段鸟类主要为大鵟、秃鹫，白尾海雕等大型鸟类。在每年的 3~6 月繁殖期间，为保护幼鸟出生后不受狐狸，狼等动物的侵袭，鸟类通常会把鸟窝建造在较高的地方，线路周边缺少高大树木，鸟窝通常就建在了铁塔中上部位。35 kV 阿吉线全线涉鸟故障治理时应根据线路不同区段鸟种的不同分布，差异化制定防鸟方案，在选择防护鸟装置时，应对不同区段针对性选用不同的防鸟装置或组合使用多种防鸟装置。

在"疏"的方面，根据不同鸟类的习性，在杆塔非防护区配置适宜不同种群鸟类的栖鸟平台和人工引鸟巢，不同种类的鸟类，鸟巢结构与外观也有很大的区别。开展鸟巢的研究开发，研发多种结构的人工引鸟巢，建设适合多种群鸟类的"人工精装房"，将鸟类吸引到安全区域，实现对鸟类的精准引导，护线爱鸟，保护珍稀鸟类的同时逐步减少"鸟线冲突"引起的涉鸟故障。

涉鸟故障的发生具有很大随机性和不确定性，但其内部也存在一定的规律性，涉鸟故障具有季节性、时间性、区域性以及瞬时性和重复性特点，因此在方式和手段方面不同于其他故障，治理策略应根据杆塔结构特征，以及杆塔所处区域内的地理环境和气候、鸟类特征、活动规律制定差异化方案，对不同的涉鸟故障，选用"疏堵结合"的综合防治手段开展防护工作，在制定"鸟线冲突"解决方案时，倡导生态防护治理方式，在满足线路杆塔防护前提下，在杆塔防护区宜选用既不伤鸟又不易被鸟适应的动态防鸟设备，引导鸟类离开线路带电部位，并对防鸟效果进行评估、分析，持续改进防和护的措施，减少鸟类活动对电网的影响，同时实现对珍稀鸟类的保护。

本书下面章节将重点对输配电线路"鸟线冲突"涉鸟故障的"疏堵结合"生态化治理方案进行阐述。

3.5.2　综合治理涉鸟故障的方法

采用"动态+生态"方式是开展全电压等级差异化涉鸟故障"疏堵结合"综合治理的基本原则。根据涉鸟故障风险等级和生态保护需求，采取不同策略，根据防护要求差异化组合配置各种护鸟和防鸟设备。具体方法有：

（1）对传统防鸟方式进行技术革新，设计和运用新型防护鸟设备，在全电压的线路杆塔防护区布置动态防鸟设施进行物理占位，与传统静态的防鸟刺、防鸟针板等防鸟装置相比，能实现既不伤鸟又不易被鸟适应的"生态防鸟"目的。

（2）对鸟类活动频繁的 110 kV 及以上线路杆塔，通过配置视频、联网型可变可调的智能护鸟装置、不伤鸟的动态站位设备和栖鸟设施开展综合治理。以"堵"的方式让鸟远离杆塔带电部位，实现对鸟类的保护，同时在杆塔非防护区配置多种结构的可拆装栖鸟装置和人工引鸟巢，引导鸟类在安全范围内活动，以"疏"的方式为不同种群鸟类提供栖息空间。

（3）35 kV 线路杆塔，考虑供电重要程度及对主网的影响，可不配置视频。其余措施与 110 kV 及以上线路治理方式类似。

（4）10 kV 配网线路杆塔，采取在杆塔本体安装新型组合式可拆装飞禽栖息平台搭配人工引鸟巢和局部绝缘化治理措施进行治理。不安装视频和智能驱鸟设备，治理主要采用配置不同结构，满足不同鸟类栖息的栖鸟平台或人工鸟巢，利用鸟类"择高而居"的习性，在杆塔顶部安装 1.5 m 高的栖鸟平台或人工鸟巢，引导鸟类远离杆塔带电部位，同时，针对大型鸟类在水泥杆顶部活动时，触碰裸露带电导线造成鸟体短路，引发触电伤亡的问题，创新制定 10 kV 杆塔本体局部绝缘化治理措施。采取把耐张杆引流线更换为绝缘线，或者使用专用护管对其进行包裹；对线路杆塔本体的耐张线夹、并沟线夹、绝缘子使用专用护罩、护套进行绝缘处理；在距离水泥杆本体 A、B、C 相导线两端各装设长度 1 米的防鸟专用绝缘护套或绝缘护管等措施（考虑大型鸟类翅膀张开的宽度，保护范围 2 m 能够满足要求），有效防止鸟体短路引发的线路跳闸，同时保护鸟类不受伤害。

3.5.3　综合治理涉鸟故障前期准备

（1）开展鸟类活动观察，进行涉鸟故障原因分析。

对涉鸟故障频发的输配电线路，开展鸟类活动与电网安全运行相互影响因素分析，通过高清视频、无人机、鸟类特巡等方式动态监测鸟类活动，收集和采集海量鸟类数据，分析鸟类特征、生活习性、区域种群分布，建立鸟类知识图谱，同时对鸟巢、鸟粪、鸟体短接和鸟啄类四大类涉鸟故障产生的机理和因素开展分析，研究不同涉鸟故障产生的原因和因素。

（2）对涉鸟故障进行分析，绘制分级、分区风险分布图。

通过对输电线路杆塔涉鸟故障发生的时间点、故障点、故障类型、杆塔结构特征、线路电压等级的数据分析，结合鸟类活动特征，研究输电线路涉鸟故障季节性、时间性、区域性、瞬时性、重复性等特性，绘制分级、分区风险分布图，明确输配电线路不同区段、不同电压等级的风险，制定"疏堵结合"的差异化的生态防护策略，开展涉鸟故障综合治理，化解电网安全与保护鸟类之间的矛盾。

（3）多方参与制定综合治理方案。

输配电线路涉鸟故障生态治理技术涵盖电力、鸟类学、环境学、生态环保等领域，横跨多专业，在制定综合治理方案时，构建电网、鸟类研究机构、鸟类保护组织、政府、保护区、爱鸟人士、鸟线冲突所在区域的老百姓多方参与，多专业深度融合的机制。

3.5.4　综合治理涉鸟故障"堵"的内容

3.5.4.1　自展开动态型防鸟装置（新型防鸟设备）

自展开动态型防鸟装置（图 3-13），主要材料为 304 不锈钢材质，由 L 形全包夹具、底座、中心轴、自润滑轴套、刺盘、针刺、风叶组成，展开整体呈放射状半球体状，针刺分四层，每层针刺长度均不同，以不同的旋转半径独立自由旋转，每根刺可独立自由摆动。针刺分布均匀，无缺口空心现象，可有效防止小型鸟类驻足。装置可直立、放倒、旋转和复位，方便检修作业；采用中心轴自润滑轴套铰接刺盘设计，转刺整体可水平 360°旋转，垂直方向 ±90°方向倾倒；采用刺盘铰接针刺设计，针刺可以自展开和自收拢。风叶铰接在针刺之上，可在风能及外力驱动下，随风而动，同时，风叶、刺体、刺盘在光照作用下，均可反射光线干扰鸟的视觉，并起到警示作用。

与传统的静态防鸟设备相比，其特有的旋转动态效应，具有反适应功能，可预防由于鸟的适应性而造成的防鸟装置失效问题。

防护范围及覆盖面积：1000 mm^2。

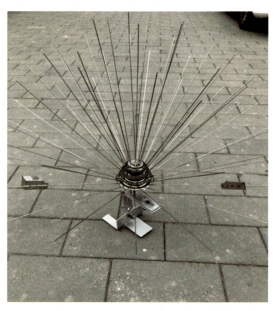

图 3-13　自展开动态型防鸟装置

1. 应用范围

自展开动态型防鸟装置主要适用于鸟粪类、鸟巢类涉鸟故障。主要应用在 35 kV 以上架空输电线路鸟粪闪络防护。

2. 安装工艺要求

自展开动态型防鸟装置安装施工方便，适用性强，可安装在塔身任何部位，旋转倾倒自收拢，运维消缺不受干扰，检修方便。安装时将自展开动态型防鸟装置放置于安装部位，然后采用螺栓和螺母紧固好即可，能有效防止鸟类在电力铁塔上栖息、停留、觅食、筑巢、繁殖、嬉戏，避免鸟类在杆塔导线绝缘子上打斗、穿行、排泄、频繁活动及遗留鸟巢杂物等。

3.5.4.2　新型预展开伞形动态防鸟装置

传统鸟刺的刺尖向上，而预展开伞形动态防鸟装置（图 3-14）的刺尖向下，整体呈撑起的伞形状，每根刺呈放射状，可自动展开，这样的结构不易发生让人被刺伤的危险。单根钢刺长度 475 mm，直径 2.5 mm，采用 304 不锈钢。伞形鸟刺顶端呈螺旋状且带有不锈钢风叶 6 片，模压成型，分布于顶部螺旋状组件下端，受风能驱动旋转，整体设备具备动态效应，随风而动，随动而动，借助自然界风力及外力触碰，皆可独立水平自由旋转，整体呈半球体，每层刺独立运动，刺与刺间距一致有序，具备反光效果（展开直径 700 mm）。转动部件采用轴承、耐久。伞形/斗笠形状使鸟不易驻足，直径 2.5 mm 纤细的针刺使鸟爪不易抓握，微弱的支撑力和弹性使鸟类很难着陆，可有效防止鸟的适应性。顶钩式夹具安全牢靠，方便安装。新型伞形防鸟装置的伞骨可以收拢在一起，用套筒固定住，同时底部设有可弯折结构，脱离约束后即可 90°放倒，放倒后可以水平 360°旋转，给横担上的检修人员足够的操作空间，方便工人作业，预展开伞形动态防鸟装置可滑动复位，可以有效缩短安装时间。

1. 应用范围

预展开伞形动态防装置主要适用于鸟粪类、鸟巢类涉鸟故障。主要应用在 35 kV 以上架空输电线路鸟粪闪络防护。

2. 安装工艺要求

预展开伞形动态防涉鸟故障装置可安装在塔身任何部位，用螺栓固定好即可。

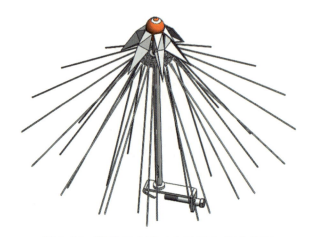

图 3-14　预展开伞形动态防涉鸟故障装置

3.5.4.3　动态反光驱鸟球

动态反光驱鸟球是由反光三角帽、ABS 塑料球体（直径为 20 cm）、风轮反光镜组成，整体呈圆锥体状的驱鸟设备。顶端为三角反光帽，中间为球体，内设计有中心轴，中心轴下套装有 360°水平旋转的轴套，连接的风杯固定件，连杆的外端部安装有 3 个风碗（风碗角度均为 90°），从而微风能自由旋转，并能反射光线，支撑杆为金属热度防腐材质；转轴安装免维护轴承，具有良好的防雨性能。风轮反光镜镜面发射率大于83.94%。底部安装件为挂钩安金具进行固定，用螺栓固定即可。装置安装方便，便于检修维护，在运行中借助自然界风力，以风叶带动球体进行动态旋转进行占位，其反光特性对鸟类活动造成干扰。其动态旋转特性让鸟很难适应且对鸟类不会造成伤害。

图 3-15　动态反光驱鸟球

1. 应用范围

动态反光驱鸟球主要适用于鸟粪类、鸟巢类涉鸟故障，安装在 10～500 kV 线路杆塔和铁塔

2. 安装工艺要求

动态反光驱鸟球安装便捷，只需放置于横担上用螺栓固定牢靠即可，应用于任何杆塔，且便于移动和拆卸。

3.5.4.4　新型联网型智能驱鸟装置

在对联网型智能驱鸟装置进行说明前，首先分析鸟类的耐受频率，便于大家深入对联网型智能驱鸟装置的认知，相关研究表明，不同种类的鸟类对声波的敏感度是不同的，大型鸟类对不同频率声波的反应也存在差异，如普通鵟对高频声波敏感；黑鹳对中频声波敏感；声波高低频率对发状冠鹭影响不大，而声波的持续时间和重复频率对其影响较大。而欧洲石鸻和灰翅鸫对次声波的响应比较敏感，而灰鹤和岩燕则对次声波的响应较弱。另一项研究表明，小型鸟类比大型鸟类更容易受到次声波的影响。该研究在测试了 30 多种不同种类的鸟类后，发现体重越小的鸟类越容易受到次声波的影响；另一项针对水禽类鸟类的研究表明，这些鸟类的内耳结构比较发达，可以更好地适应在水中环境下传输的次声波。这些鸟类的内耳结构能够更好地分离低频和高频声波，并抑制低频声波的影响；同时，一些研究表明，在城市环境下生活的鸟类比在森林环境中生活的鸟类更容易受到次声波的影响。例如，一个研究小区中的鸟类的团队发现，经常飞过的无人机声通常会对鸟类的繁殖和飞行行为产生影响。此外，鸟类对人类说话的声音（约 2000~5000 Hz 的声音）不敏感，而大多数鸟类对高频率声波的敏感度高于低频率声波。部分鸟类的耐受频率如表 3-1 所示。

表 3-1　部分鸟类的耐受频率

序号	鸟类别	下限频率（Hz）	典型频率（kHz）	上限频率（kHz）
1	黑脚企鹅	100	0.6～4	15
2	绿头鸭	300	2～3	8
3	帆布潜鸭	190		5.2
4	美洲茶隼	300	2	10
5	环颈山鸡	250		10.5
6	火鸡			6.6

续表

序号	鸟类别	下限频率（Hz）	典型频率（kHz）	上限频率（kHz）
7	海鸥	100	3	10
8	环嘴鸥	100	0.5～0.8	3
9	岩鸽	50 200 300 300 0.05	1.8～2.4 1～4 1～2	11.5 7.5
10	鹦鹉	40	2	14
11	猫头鹰			12.5
12	白鹭	100	3	15
13	苍鹭	200	2.8	10
14	夜鹭	150	3.5	15
15	灰鹤	300	1.4～3.5	11.5
16	野鸭	300	2.1～4.3	12.5
17	鸥	100	2～3	7
18	翠鸟	400	3～5	11.5
19	胡兀鹫	500	3～6	15
20	黑颈鹤	450	4～7	12.3
21	草原雕	350	2～3	8
22	纵纹腹小鸮			5.8

表 3-1 的研究结果表明，不同鸟类对声波耐受性存在差异，达到特定频率的声波能有效突破特定鸟类的耐受极限。常规电子式驱鸟装置，通过发出声响、光波驱赶鸟类，其音频、光波频率相对固定，频闪颜色相对单一，易让鸟类适应，因此造成驱离逐渐失效。而新型联网型智能驱鸟装置在设计声学装置时，根据需要驱赶的目标鸟类的种类、习性和耐受频率，通过专用的可变可调的声波发生器，选择让鸟不易适应的频率和声音类型对进入防护区的目标鸟类实施持续有效的驱赶。

联网型智能驱鸟装置由可变可调的驱鸟主机、分体式探测雷达传感器和光能摄像头三部分组成如图 3-16 所示。与常规电子式驱鸟装置相比，新增了支持联网接入智能数据分析平台的功能,装置安装在线路杆塔防护区,采用锂电池和光伏板充电相结合的方式供电,保障设备的稳定续航。其工作模式如图 3-17 所示,其装置实施示意图如图 3-18 所示。联网型智能驱鸟装置接入智能数据分析平台示意图如图 3-19 所示。

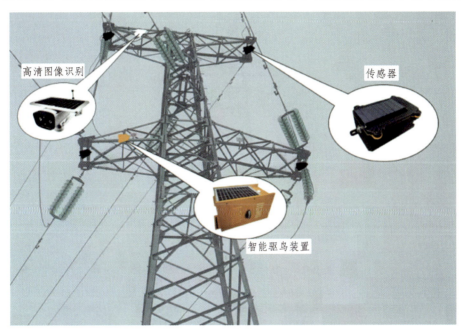

图 3-16 联网型智能驱鸟装置组成

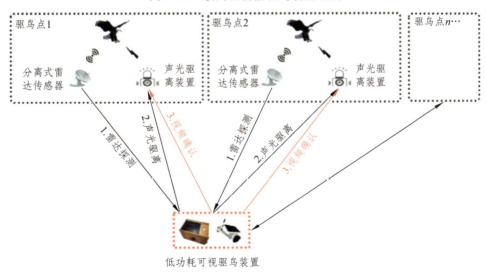

图 3-17 联网型智能驱鸟装置工作示意图

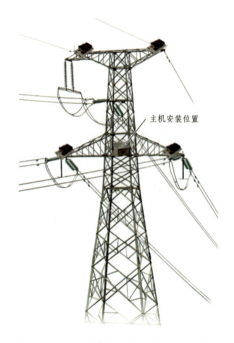

图 3-18 联网型驱鸟装置实施示意图

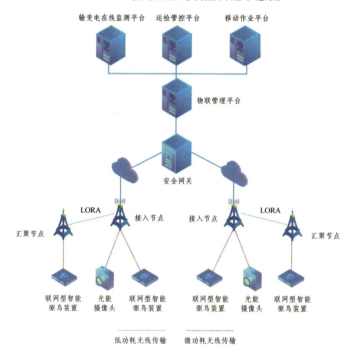

图 3-19 联网型智能驱鸟装置接入智能数据分析平台示意图

驱鸟主机以超声波、音频、闪光相结合的方式进行鸟类探测和驱鸟，与传统超声波和声音频闪不变的驱鸟器相比，其频闪方式、超声波和音频频率可根据不同鸟类的耐受频率在手机和平台系统进行灵活调整，让鸟不易适应，对进入杆塔防护区的鸟类实现持续驱离；分体式探测传感器通过毫米波雷达感知鸟类的靠近，触发声光驱鸟主机，发出鸟类敏感的声波（声波频率根据不同种群鸟类对频率的耐受性进行联网调整），红蓝光频闪光同步触发，刺激鸟类视觉，通过声光驱离方式实现主动驱鸟，克服鸟类对于固定频率声波的适应性；使用光能摄像头对驱鸟过程进行抓拍。

驱鸟装置内置管理程序，可实现对铁塔环境参数、驱鸟装置触发记录、驱鸟装置状态的远程监控。智能驱鸟装置自身的音量大小能在移动端远程调节，驱鸟音频文件可远程更新。上述设计思路，保障了驱鸟能力的稳定性的同时，也为输电铁塔管理手段数字化提供了可靠的支撑。

联网型数字智能驱鸟装置具有以下功能特点：

① 智能化：分体式智能驱鸟器自身在铁塔上工作，其状态通过智能管理软件在移动端可进行远程管理，实现智能驱鸟。

② 可调节：设置的声音可在移动端远程调节，与传统驱鸟装置相比，内置驱鸟音频文件可以远程更新，音量可远程调节，超声波频段在 4 ~ 25 kHz 范围内变频输出（不同的音频文件包含了不同频率的声音），让鸟不易适应，达到持续驱离目的。

③ 可调用：支持接入运检移动作业端和智能分析平台，可调用驱鸟数据，开展驱鸟效果评估。

④ 可测量：具有可量测功能，配置光能摄像机，对进入保护区域的鸟类进行拍摄，对驱离效果进行验证，并统计驱鸟数据。

⑤ 防扰民：基于光传感技术构建昼夜模式，昼夜分别采取不同的驱鸟方式，防止扰民。

⑥ 灵活适配：本设备标配 4 个传感器感应移动物体，可根据铁塔类型灵活选择探测范围。同时传感器可扩展至 6 个，灵活地构建合理有效的防护空间。

3.5.5　综合治理涉鸟故障"疏"的内容

3.5.5.1　生态引导方式

在杆塔非防护区配置多种结构的引栖鸟装置和人工鸟巢，以"疏"的方式为不同种群鸟类提供栖息空间；在开展环境和生态评估情况下，配电线路在杆塔附近为鸟类安装一定高度（因鸟类具有驱高性，建议高度高于周边的配电线路杆塔）和数量的栖鸟杆，在引鸟杆上部或顶部配置栖鸟平台或人工引鸟巢，为无森林地区构筑鸟类栖息地，同时减少鸟类活动对线路运行的干扰。

人工鸟巢作为一种引鸟措施，应重点搭建在线路周边缺少高大树木、鸟巢隐患频繁的线路区段，应用前应调查当地主要活动鸟种、筑巢习性和活动规律，合理设计鸟巢类型或尺寸，匹配当地鸟种。生态引导作为一种行之有效的引鸟方式，安装在线路杆塔非防护区的人工鸟巢或栖鸟架可以引导鸟类远离杆塔带电部位，搭配防鸟刺等护鸟设备，让鸟类在线路安全范围活动，同时减少鸟类活动对防护区线路运行的影响；还可以在线路杆塔外搭建栖鸟杆，把鸟类从线路杆塔上吸引到栖鸟杆，进一步降低鸟类对输电线路的影响度。

1. 人工鸟巢及防鸟装置安装位置

现有线路主要使用三大类电塔：酒杯塔、猫头塔和双回路十字塔，其余塔都在这三大类电塔中，可根据实际情况进行微调。安装原则为在铁塔的危险区域安装护鸟器以驱离鸟类远离该区域，在安全区域安放人工鸟巢以吸引鸟类繁殖或在塔上活动。最终达到线路运行稳定安全，也不降低对鸟类的吸引力的目的。

酒杯塔：需要在绝缘子串和危险位置等 5 处位置安装防鸟装置；可在 2 处安全位置安装人工鸟巢。具体可安装位置见图 3-20。

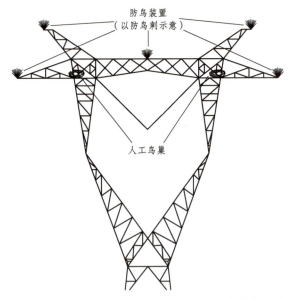

图 3-20　酒杯塔防鸟装置及人工鸟巢可安装位置示意图

　　猫头塔：需要在绝缘子串和危险位置等 3 处位置安装防鸟装置；可在 1 处安全位置安装人工鸟巢。具体可安装位置见图 3-21。

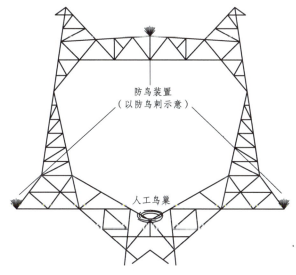

图 3-21　猫头塔防鸟装置及人工鸟巢可安装位置示意图

　　双回路直线塔（干字塔）：需要在绝缘子串和危险位置等 8 处位置安装防鸟装置；可在 6 处安全位置安装人工鸟巢。具体可安装位置见图 3-22。

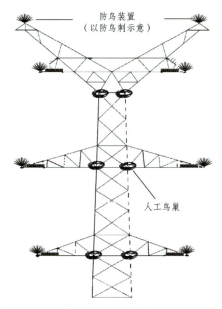

图 3-22　双回路直线塔防鸟装置及人工鸟巢可安装位置示意图

天然鸟巢，特别是猛禽所筑的鸟巢，其筑巢材料主要是金属丝、树枝、草、布、牛羊毛等，其中铁丝等金属是鸟类固定鸟巢基本构架的主要材料，鸟巢异物短路（由金属丝引起的短路比例最高）是造成线路跳闸的主要原因。而安装人工鸟巢的铁塔，防护区域未出现金属丝、树枝、柴草、毛羽等异物，人工鸟巢内未出现金属丝，验证了生态引鸟措施的有效性，人工鸟巢能够引导鸟类在杆塔非防护区活动，降低线路跳闸可能性的同时保护了珍稀鸟类撞线和电击造成的伤亡。人工引鸟巢在 110 kV 铁塔的应用如图 3-23 所示。

图 3-23　人工引鸟巢在 110 kV 铁塔的应用

3.5.5.2　新型组合式可拆装飞禽栖息平台

平台采用开放式结构，适用于猛禽等大型鸟类。平台安装在杆塔横担上，适用于 35 kV 及以下水泥杆塔。平台采用镀锌钢材质，包括鸟巢座、支撑杆（支撑杆加装绝缘护套）、可调节结构辅助调节杆、抱箍、连接架、L 形夹具底座等。

L 形夹具底座在横担上固定简单，可根据安全距离要求调整在横担上的固定位置；多调节结构辅助调节杆的设计方式，可调试相对位置，具有较高的适配性能，可适用于各种型号的水泥杆；组合式结构设计，平台可调节，可拆卸，方便运输；开放式结构方便鸟类自己在平台上筑巢（平台架上也可放置人工引鸟巢），可实现量产。新型组合式可拆卸飞禽栖息鸟平台如图 3-24 所示。

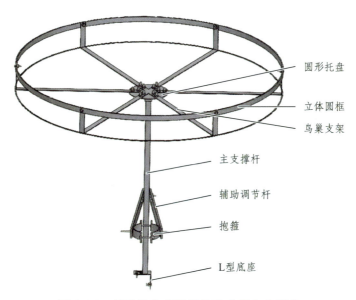

图 3-24　新型组合式可拆卸飞禽栖息鸟平台

3.5.5.3　仿生式人工引鸟巢

通过研究鸟类天然鸟巢，根据草猛禽鸟类的习性和活动规律，采用仿生原理对鸟类生存环境进行复制，设计了仿生式人工引鸟巢，鸟巢直径 1 m，深 0.3 m，用竹子或金沙藤等天然植物手工编织而成，并经绝缘铁丝加固和防腐处理，实现了鸟类栖息、生存环境的 1：1 复制，给予鸟类足够的生存空间，天然仿生的材料和结构属性致使珍稀鸟类在装置中可以毫无防备地停留、繁衍后代。鸟巢搭建在输配电线路杆塔非防护区，引导珍稀鸟类远离杆塔带电区域，减少鸟类活动对线路安全运行的影响，保护珍稀鸟类，降低跳闸概率和提高电网供电可靠性，实现电网发展和生态保护的共赢，助力人与自然和谐共生。目前，在阿坝若尔盖湿地国家公园的输电线路应用，已吸引珍稀鸟类大鵟入住并产卵。

3.5.6　综合治理涉鸟故障"人"的内容

3.5.6.1　管理措施

开展源头防控。在开展电网规划、设计前期工作时，就须采取护线爱鸟措施。规划的线路路径应避开鸟类迁徙通道；对新建线路，按照风险等级设计防护鸟设备。

提升防鸟装置的性能检测。梳理各区域典型防鸟装置应用案例，开展防鸟装置应用效果评估；根据《架空输电线路涉鸟故障防治技术导则》（GB/T 35695—2017）要求，开展防鸟装置入网检测和性能评估，把好防鸟装置性能、质量关。

持续推进输电线路涉鸟故障综合治理。依托涉鸟故障风险分布图及相关标准，深入排查涉鸟故障高风险区域防和护鸟装置覆盖情况，提高治理的针对性。加强涉鸟故障治理的管控措施，将涉鸟故障高风险区域的防鸟装置安装到位，对老化、失效、安装不规范的防鸟装置更换到位。

加强防鸟巡视及监测工作。将驱、防、栖鸟等设施，纳入日常巡视维护范围，定期开展巡视和监测，确保其完好性；充分利用在线监测、直升机、无人机、人工特巡等巡视手段，广泛开展鸟类活动调研与分析，积累鸟群分布、生活习性及活动规律经验；做好巡视记录及运行经验总结，完成涉鸟故障风险分布图滚动修订工作；梳理影响架空输电线路的相关鸟类信息，建立数字化信息库；提升鸟害隐患排查智能化水平，持续推进无人机智能巡检技术在涉鸟故障隐患的排查应用；通过图像的智能识别技术提升人工鸟巢和防鸟装置破损等隐患的发现率，降低了人工巡视工作量。

对天然鸟巢进行爱鸟特巡，制定输配网差异化运维策略。对不影响线路安全运行的鸟巢不进行摘除，有珍稀幼鸟和鸟卵的鸟巢需摘除，交由鸟类保护组织处置。

持续分析鸟类活动对线路的运行影响，"望闻问切"与"量测"相结合，动态调整风险等级，及时优化防护措施。

推动输电线路涉鸟故障生态防治技术标准和检验规程的修订或制定，从认知、机制、标准等方面为行动的持续推进提供保障。

3.5.6.2 社会措施

与湿地草原保护区合作，开展环境和生态评估，在经过保护区的线路附近为鸟类安装适量人工引鸟巢，为无森林地区构筑鸟类栖息地。

与政府、鸟类保护机构、老百姓共同建立护鸟联盟，推动全社会关注"护线爱鸟"工作，营造电网安全与绿色生态融合发展的新氛围。

加强与政府及相关机构合作，扩展相关方对生态安全及供电安全协调发展的认知，建立协同共建的长效机制。

3.5.6.3 技术创新

创新涉鸟故障防护方式。对传统防鸟方式进行技术革新，首次提出输配电线路涉鸟故障"动态+生态""疏堵结合"差异化综合治理方式，化解电网安全与保护鸟类之间的矛盾，"护线爱鸟"，保护生物多样性，维护涉鸟故障频发地区的生态平衡，保护珍稀鸟类，提升生态价值，助力人与自然和谐共生。

创新设计防护鸟设备。设计新型防护鸟设备，发明联网型智能驱鸟装置和配网可拆装鸟类栖息平台。联网型智能驱鸟装置设置的声音和超声波频率可在移动作业终端和系统平台远程调节，与传统驱鸟装置相比，内置的驱鸟音频文件可以远程更新，音量可远程调节。超声波频段在 4 ~ 25 kHz 范围内变频输出（正常情况下人的听觉范围在 20 Hz ~ 20 kHz，超声频段应该是高于 20 kHz，次声是低于 20 Hz。），让鸟不易适应，对进入防护区的鸟类实现持续驱离，引导鸟类避开杆塔带电区域。

组合式可拆装飞禽栖息平台，具有较高的适配性能，可拆卸，方便运输；可调试相对位置，适用不同尺寸的 10 kV 杆塔；平台设计有鸟巢座，可安装不同型号的人工鸟巢。平台选用通用性材料，方便量产和推广运用。

创新生态引鸟方式，与鸟类"共享杆塔"，助力人与自然和谐共生。在杆塔非防护部位搭建适宜不同种群鸟类的人工鸟巢或栖鸟架，引导鸟类远离杆塔带电部位，使其在安全范围内活动，减少对鸟类的伤害的同时实现线路的安全运行；与政府和湿地草原保护区合作，开展环境和生态评估，在经过保护区的线路铁塔附近区域为鸟类安装适量独立于杆塔的新型栖鸟"精装房"，为无森林地区构筑鸟类栖息地，进一步减少鸟类活动对线路安全运行的影响。

3.6　综合治理涉鸟事故应用案例

阿坝若尔盖湿地国家公园内部分输配电线路涉鸟故障频发，以下介绍综合治理在上述地区的应用案例。

3.6.1　在 10 kV 配网上的应用

2020—2021 年，若尔盖 10 kV 黑上、黑泽线基杆塔因鸟类活动跳闸 20 次（鸟体短路跳闸，多为国家二级及以上保护鸟类造成），在试点杆塔局部采取绝缘化防护措施后，该区段未发生鸟体短路跳闸，实现了对珍稀鸟类的保护。阿坝若尔盖 10 kV 黑上线 219# 杆塔本体局部绝缘措施如图 3-25 所示。

图 3-25　阿坝若尔盖 10 kV 黑上线 219#杆塔本体局部绝缘措施

2023 年 3 ~ 7 月，在若尔盖湿地保护区的 10 kV 黑上、若阿、曼穷线、俄湖、黑麦线线路杆塔安装新型栖鸟平台和人工引鸟巢并对杆塔局部采取绝缘处理措施，截至目前，安装区段未发生一次涉鸟故障引发的线路跳闸和鸟类伤害。安装人工栖鸟平台和引鸟巢并对杆塔本体带电设备进行绝缘处理的阿坝若尔盖 10 kV 黑麦线 42#杆如图 3-26 所示。安装专用绝缘护套的 10 kV 杆塔如图 3-27 所示。

图 3-26　安装人工栖鸟平台和引鸟巢并对杆塔本体带电设备进行绝缘处理的阿坝若尔盖 10 kV 黑麦线 42#杆

图 3-27　安装专用绝缘护套的 10 kV 杆塔

3.6.2　在 110 kV 输电线路上的应用

2022 年 5 月—2023 年 4 月在若尔盖 110 kV 若唐、若真线和阿坝县 110 kV 安麦线杆塔防护区安装智能驱鸟装置和动态旋转设备，安装后上述区段未发生涉鸟故障引发的跳闸（110 kV 及以上线路杆塔涉鸟故障主要为鸟巢类和鸟粪类故障，鸟巢类故障主要为鸟类筑巢使用的铁丝引发的短路故障），110 kV 若唐和若真线安装人工鸟巢的铁塔，防护区域未出现金属丝、树枝、柴草、毛羽等异物，人工鸟巢内未出现金属丝，验证了生态引鸟措施的有效性，人工鸟巢能够引导鸟类杆塔非防护区活动，降低线路跳闸风险的同时减少了珍稀鸟类撞线和电击造成的伤亡。安装在阿坝若尔盖 110 kV 若真线 86#铁塔防护区的动态旋转球如图 3-28 所示。安装在阿坝若尔盖 110 kV 若真线 25#铁塔的联网型智能驱鸟装置如图 3-29 所示。

图 3-28　安装在阿坝若尔盖 110 kV 若真线 86#铁塔防护区的动态旋转球

图 3-29　安装在阿坝若尔盖 110 kV 若真线 25#铁塔的联网型智能驱鸟装置

　　2023 年 4 月，在 110 kV 若唐线、若真线安装 16 个人工引鸟巢。目前，若真线 142号铁塔人工鸟巢入住国家保护鸟类大𫛚 2 只并产卵 3 枚，54 号铁塔人工鸟巢入住国家保护鸟类大𫛚 2 只并产卵 3 枚，已孵化亚成体大𫛚 3 只（铁塔上安装高清视频观察）。140 号铁塔鸟巢入住国家保护鸟类大𫛚 2 只并产卵 3 枚，已孵化大𫛚幼鸟 3 只（铁塔上安装高清视频观察）。73#鸟巢入住国家保护鸟类大𫛚 2 只，产卵 4 枚（未安装视频，未观察到孵化情况），124#铁塔鸟巢入住国家保护鸟类 2 只，产卵 2 枚（未安装视频，未观察到孵化情况）。83#、106#、126#铁塔已通过无人机飞巡观察到鸟类活动的痕迹。据了解，该项目的引鸟案例，是国内人工鸟巢引鸟入住并孵化的优秀案例之一，具有示范效应。生活在阿坝若尔盖 110 kV 若真线 54#铁塔人工引鸟巢的珍稀鸟类大𫛚夫妻如图 3-30 所示，大𫛚妈妈在若尔盖湿地公园阿坝若尔盖 110 kV 若真线 140#铁塔人工引鸟巢喂食幼鸟宝宝如图 3-31 所示。

图 3-30　生活在阿坝若尔盖 110 kV 若真线 54#铁塔人工引鸟巢的珍稀鸟类大𫛚夫妻（铁塔上的视频装置拍摄）

图 3-31   大鵟妈妈在若尔盖湿地公园阿坝若尔盖 110 kV 若真线 140#铁塔人工引鸟巢喂食幼鸟
宝宝（铁塔上的视频装置拍摄）

3.6.3   应用成效

2017—2019 年，阿坝草原区域的 110 kV 线路因涉鸟故障跳闸 62 次（未采取防护措施），2020—2022 年，采取"疏堵结合"治理措施后，跳闸次数降为 19 次，减少停电时间 2200 小时左右，2023 年，应用生态治理技术的输电线路区段，涉鸟故障跳闸率降低 75%。该治理方案提升当地居民用电幸福感，维护了国网的良好品牌形象，实现了生态保护和电网和谐发展的双赢。

3.6.4   存在的问题

（1）技术方案主要在阿坝草原、湿地和湖泊的部分输配电线路应用，使用范围不广，布点不够，需继续扩大"疏堵结合""动态+生态"方案。在草原、湿地和湖泊全电压等级线路的布点和验证工作，持续优化和改进爱鸟护线措施，形成实用性方案，进而在西部八省和全国推广。

（2）方案的部分设备未实现量产，成本费用偏高，限制了大范围应用，下一步需降低材料和生产成本，方便市场推广。

（3）新型组合式可拆装的防鸟平台目前采用金属材质，使用时需考虑与杆塔带电导线的安全距离，对施工工艺要求高，下一步，计划制造高分子绝缘材料的平台，提高安装效率和产品的安全性能。

第4章 典型案例

4.1 四川案例

若尔盖湿地位于阿坝藏族羌族自治州，地处四川盆地与高寒高原的过渡地带，境内及周边有草原、森林、湿地、河谷等多样的生境。区域内高原湿地以湖泊、沼泽为主，是我国最大的高原沼泽湿地集中分布区和全球生物多样性热点地区之一。区域内鸟类资源丰富，包括国家一级保护动物黑颈鹤、金雕、猎隼等珍稀鸟种在内的鸟类 300 余种。

1. 主要涉鸟故障类型

若尔盖地区存在的涉鸟故障类型主要有两种：① 主要发生在 10 kV 电杆上的猛禽直接触碰导线引起的短路；② 主要发生在 35 kV 和 110 kV 铁塔上的鸟巢引发短路。

2. 猛禽直接触碰导线引发的短路

此类状况引发的短路主要发生在 10 kV 电杆上，特别是耐张杆处。此处电网线路处于草原生境，猛禽较多。由于没有高大树木和其他高于电杆的区域，猛禽在休息时常常会落在电杆上。调查中经常发现大鵟和隼类等猛禽在横担上休息的情况如图 4-1 所示。这些猛禽体型较大，在起飞展翅时容易触碰导线和横担从而引发短路。

图 4-1 大鵟和猎隼在横担上休息

3. 铁塔上鸟巢引发的短路

在若尔盖栖息的猛禽如大鵟一类，自然状况下营巢位置一般位于悬崖的崖洞上。输电网络建设起来后，高大的输电塔成为了草原上的制高点。不少猛禽开始选择将铁塔作为营巢区域。主要选择 110 kV 和 3 kV 的线路的铁塔作为其营巢位置。筑巢的材料则为一些木棍、破布，有时候还有铁丝等金属制品。当巢址在铁塔的绝缘子串上方时，巢材的掉落以及鸟类粪便的掉落，都会引起绝缘子串的闪络，从而引发短路事故。铁塔上的大鵟巢和带铁丝的巢如图 4-2 所示。

图 4-2　铁塔上的大鵟巢和带铁丝的巢

4. 人工鸟巢安装

国网阿坝分公司和若尔盖分公司正式启动在若尔盖周边 110 kV 及 10 kV 线路上生命鸟巢（主要为猛禽）及护鸟设备的试验安装。设备为多方合力设计，当地为解决鸟线问题集结不同领域人士，以问题为导向，从不同视角切入处理。安装位置多为猛禽繁殖期（5—7 月）鸟线故障频发地段。

10 kV 线路上鸟类活动多，但筑巢现象相对 110 kV 电塔较罕见（主要是狩猎时歇脚，筑巢期间可能更易触电的成功率不高），生命鸟巢同时起到隔断危险区域的效果。鸟巢覆盖距离（每条线路第一个鸟巢和最后一个鸟巢距离之和）至少 10 余千米，相邻鸟巢间距 500～2000 m，在停电的基础上安装对被施工杆两边的杆做了进一步接地、绝缘处理。施工杆两侧进一步绝缘处理的线杆如图 4-3 所示。

图 4-3　施工杆两侧进一步绝缘处理的线杆

图 4-4　10 kV 人工鸟巢安装完成近景图

图 4-5　10 kV 人工鸟巢安装完成远景图

巢身、支撑平台可拆分，通过螺丝、U 形夹、扎带、电力抱箍等形式链接，不影响电线杆的原结构且无需现场焊接，安装过程需停电。安装人工鸟巢后的 10 kV 电杆近景、远景图如图 4-4、图 4-5 所示。通过电力抱箍链接电线杆和鸟巢平台竖杆如图 4-6 所示，平台竖杆通过可螺丝链接鸟巢平台如图 4-7 所示。

图 4-6　通过电力抱箍链接电线杆和鸟巢平台竖杆

图 4-7　平台竖杆通过可螺丝链接鸟巢平台

110 kv 线路因其视野较开阔，结构坚固稳定，框架便于搭建，更吸引猛禽筑巢。鸟巢与 10 kv 线路的巢身相同但无需特别的支撑平台，用铁丝捆绑于电塔结构上。位于塔中部，远离塔上部危险地带，与两边的绝缘子接近平行，中间开阔部分为鸟的适宜飞行线路。飞行过程和巢材掉落不会影响绝缘子。绝缘子旁加装防鸟设备（分层旋转式的防鸟刺、基础防鸟刺、旋转镜面反光风车等）。安装在 110 kV 线路电塔安全区域的人工鸟巢如图 4-8 所示，安放鸟巢后，同时在铁塔上安装智能监控系统对鸟巢的利用率进行监控如图 4-9 所示。

图 4-8　安装在 110 kV 线路电塔安全区域的人工鸟巢

图 4-9　安放鸟巢后，同时在铁塔上安装智能监控系统对鸟巢的利用率进行监控

　　为应对鸟线冲突问题，国网四川省电力有限公司开展全面"疏堵结合"的技术研究，通过收集线路涉鸟故障类型，结合鸟种的形态特征、生活习性，对铁塔关键位置开展优化设计，最终形成铁塔涉鸟故障综合治理生态化方案，为鸟类提供"共享铁塔"的栖息环境，实现电网与鸟类的和谐共生。

4.2　西藏案例

　　黑颈鹤为国家一级保护动物，在藏族传统文化中占据重要的地位。西藏自治区的雅鲁藏布河谷是黑颈鹤最重要的越冬场所之一，在西藏林周县卡孜乡周边农田越冬的黑颈鹤每天往返于日间觅食场所与夜宿地，其日间主要在农田觅食而夜间主要聚集在卡孜乡西部的两大水库休息。由于晨昏光线不佳、部分幼年群体飞行经验不足、当地输电线路较为密集等，黑颈鹤可能撞上架空高压输电线导致鸟类个体死亡，同时对线路亦有冲击和破坏，危及线路安全运行。部分已发表的研究认为在越冬地与输电线路之间的矛盾可能是制约黑颈鹤种群增长的原因之一，因此，在本区域缓解鸟线冲突，对维护线路安全和生物多样性保护上意义深远。

　　针对黑颈鹤撞线的警示球安装：根据调查结果显示，林周县至墨竹工卡县作为黑颈鹤的越冬地，约有 2900 只左右的黑颈鹤种群。作为黑颈鹤密度较高的越冬地，区域内亦有较高的人口密度以及输电线路密度。为了降低黑颈鹤撞线的威胁，计划在沿林周县至墨竹工卡县的低中压线安装橙色警示球，理想情况下，在电线的最大承载量以内可以安装尽可能多的警示球，但是由于有时间、人力和经济成本的限制，可以合理安装尽可能密集的警示球。建议选择风险较小的线路段进行不少于 5 km 的警示球安装或者加装。

4.3　宁夏案例

　　宁夏地处黄土高原与内蒙古高原的过渡地带，境内地形地貌多样，有山脉、平原、丘陵、河谷。近 10 年来，随着生态环境的不断改善，宁夏湿地面积增加了近 2 万公顷，而每年进入宁夏的迁徙候鸟也增加至约 300 万只，其中 30%留在了宁夏。特殊的地理位置和环境，使宁夏成为我国候鸟迁徙的重要途经地，也造成了宁夏电网输电线路涉鸟故障高发的状况，尤其是在河流、湖泊以及湿地、农田等近水源区域情况更加严重。

　　因此为了减少宁夏地区的鸟线冲突，国网宁夏电力有限公司与山水自然保护中心组建调查组，以石嘴山市镇朔湖湿地及周边沿线、吴忠市高沙窝草场周边沿线及变电站为试点，针对电网分布区域大，跨越生境类型多的特点，设计因地制宜的调查、分析、解决方案。在调查分析方面，调查组通过对宁夏鸟类生物多样性调查、鸟线冲突情况调查以及现有方案评估，来补充汇总宁夏鸟类与电网的相关资料。在解决方案上，对现有方案提出具体的改进意见，并对电网员工和公众加以交流与宣传。开展科研、培训、救护等电网沿线鸟类保护与救助工作，从保护生物多样性的角度助力国家电网专业护线、科学护鸟公益事业。

1. 安装防鸟撞警示灯/球

针对中大型鸟类在飞行中与输电线发生撞击的情况，我们建议使用防鸟撞警示灯/球进行预防。大型鸟类飞行速度较快、体重较大，部分物种（如天鹅、雁鸭等）还有夜间迁徙的习惯，容易在夜间、晨昏或有雾、沙尘等能见度较差的天气中发生鸟撞现象。考虑到体重、高度、飞行速度等因素，受到撞击的鸟类存活的可能性较小。

防鸟撞灯的设计可以参考航空警示球/灯，安装位置以高压线塔及避雷线为主：避雷线比输电线较细，可见度更低，更易发生鸟撞。优先考虑在湿地周边、跨河道（尤其是南北走向河道）线路段进行安装，能够为保护区、湿地周边繁殖、停留的大型鸟类及沿河道迁徙的鸟类降低风险。防鸟撞警示物示例与无人机/走线机器人安装图示如图 4-10 所示。

图 4-10 防鸟撞警示物示例与无人机/走线机器人安装图示

4.4　青海案例

青海隆宝国家级自然保护区是以黑颈鹤及其繁殖地为主要对象的自然保护区，这里生活着黑颈鹤、金雕等珍稀鸟类。保护区所在的玉树平均海拔超过 4000 m，是长江、黄河和澜沧江的发源地，素有"中华水塔"的美誉。

配电网的延伸，虽然给当地人的生活带来了便利，但也使部分地区出现鸟类遭电击、供电线路跳闸等问题。此区域的鸟线冲突一方面给输电线路的维护带来了较大挑战，增加了检修成本，偶尔造成当地老百姓家庭停电等生活不便的现象，另一方面也导致国家一级保护动物猎隼和国家二级保护动物大鵟等物种偶尔发生电击致死事件。大鵟和猎隼在本区域主要以草场和湿地上生活的高原鼠兔为食，作为草原和湿地生态系统中的顶级捕食者，在控制鼠兔种群数量、维护生态系统稳定等方面发挥着重要作用，同时威猛的猛禽也在当地的藏族文化传统中占据重要的地位。在本区域缓解鸟线冲突，在维护线路安全和生物多样性保护上意义深远。

因此，国家电网青海省电力公司、国家电网青海省电力公司玉树供电公司与山水自然保护中心组成的调查组，对当地的鸟线冲突情况进行了调查，识别出本区域鸟线冲突的主要类型是大中型猛禽和鸦科鸟类，如大鵟、猎隼和渡鸦等鸟类物种，与输电线路间发生接触导致短路跳闸和电击致死；以及部分猛禽利用电线杆筑巢，存在由巢材和粪便造成的跳闸安全隐患等方面。并根据调查结果，创新性采取了相应措施缓解鸟线冲突，实现生态保护和三江源电网发展的双赢。

首先，在三江源地区的国家公园和国家级自然保护区范围内，进行线路的绝缘化改造，以尽可能减少大中型鸟类身体与线路短接造成的跳闸和电击致死现象。

其次，在隆宝保护区鸟类生存栖息较多的电网线路沿途架设招鹰架，并搭建人工鸟巢。人工鸟巢的制作经过反复论证和技术工人几经尝试，最后选择了直径 50 cm，深度 40 cm 的竹筐作为鸟窝，经过处理后固定在电杆顶端。人工鸟巢安装以来，吸引了喜爱停歇于视野良好的高处的猛禽停留和筑巢，以"堵不如疏"的思路维护线路安全，同时也对一些濒危和受保护鸟类种群有保护和恢复作用，目前来看利用率较高、效果较好。作为国家电网在本区域首创的方法，值得推广到一些情况类似的其他省份和区域提供借鉴，特别是猛禽数量较多的西部草原地区。

此外，在一些输电线路的关键部位，采用了风力驱动的反光镜、声音驱鸟装置和防鸟刺等驱鸟装置，此类驱鸟装置单独使用的效果虽不算十分稳定，但结合生命鸟巢的"招引效果",亦能起到一定的保护线路的作用。隆宝地区典型的生命鸟巢,在当年夏季孕育了三只幼年大鵟如图 4-11 所示。

图 4-11　隆宝地区典型的生命鸟巢,在当年夏季孕育了三只幼年大鵟

4.5　新疆案例

新疆巴音布鲁克草原四周被雪山环抱,属于天山山脉中段的高山间盆地,是中国第二大草原,这里保存了世界上许多稀有物种,也栖息着我国最大的野生天鹅种群,巴音布鲁克天鹅保护区也是我国唯一和亚洲最大的天鹅自然保护区。

早在 2012 年当地保护站就利用太阳能发电搭建天鹅监测系统,为保证系统长时间稳定运行,国网新疆电力有限公司专门架设了一条 1.6 km 的 10 kV 电缆和一台箱式变压器,为保护站提供 24 小时在线监控的能源保障。同时,还帮助保护队员在天鹅湖 1330 km² 的沼泽草地和湖泊内安装了 49 个视频监控系统,实现了保护区 24 小时在线监控和微机科学化管理,便于在第一时间开展天鹅救助工作。随着"候鸟生命线"公益品牌项目的深入开展,国网新疆电力与当地牧民组建了天鹅保护队开展联合巡护,在天鹅迁徙期及时开展饲料补给工作,帮助长途跋涉的天鹅恢复体力,确保它们顺利返回栖息地。

4.6　陕西案例

汉中地处秦岭南麓，"雨热同季"的气候特点给汉中动植物区系提供了优越的滋育环境，鸟类在丰富当地生态多柱性的同时，也给汉中电网运行带来了隐患。为落实习近平总书记来陕考察重要讲话精神，当好生态卫士，保障输电线路和社会供电的安全可靠，保护秦岭生态安全和人民生命财产安全，护线爱鸟项目组选择在汉中鸟类活动频繁、分布较多的洋县作为项目的启动点。

洋县位于陕西省西南部，位于汉中盆地东缘，北依秦岭，南屏巴山；冬无严寒，夏无酷暑。洋县有丰富多样的生境，也有一定的高低海拔落差，给鸟类提供了天然的庇护所。洋县鸟类资源丰富，除了朱鹮、太阳鸟、三宝鸟等明星鸟种，还拥有其他鸟类 300 余种，是名副其实的鸟类天堂。调查组对洋县供电公司所涉及的区域的鸟类及鸟类引起的事故类型、时间等进行了调查，总计调查到 31 种鸟类，包含国家一级保护鸟类朱鹮，国家二级保护鸟类赤腹鹰、鹩哥和黄脚渔鸮。并发现在缺少高大树木的农田地区，金腰燕、麻雀、喜鹊等雀形目鸟类非常喜欢在线路上活动。其中喜鹊是鸟线矛盾涉及的最多的鸟类，最常见的鸟线冲突类型则是鸟类直接接触线路以及鸟巢材料的掉落。

根据现场调查及专家组提供的建议，洋县电力公司进行了护鸟设备的安装与升级，在选定的 10 kV 试点线路上，每隔两三个电杆根据电杆的不同类型安装二至四个不等的旋转式护鸟器。旋转式护鸟器的样式为正反两面反光，依靠风力进行旋转，一方面起到占位效果，另一方面利用反射光驱离鸟类远离电杆危险位置。此护鸟器的安装方式为磁吸安装，配合洋县电力公司探索出的绝缘杆可以实现不停电安装，比之前的护鸟器在安装上更便利。截至本文写作时间（2023 年 8 月），在安装新式护鸟器后，试点 10 kV 线路未再发生鸟线冲突引起的跳闸事故。电杆上的护鸟器如图 4-12 所示，护鸟器底部的磁吸位置和绝缘杆的应用方式如图 4-13 所示。

图 4-12　电杆上的护鸟器

图 4-13　护鸟器底部的磁吸位置和绝缘杆的应用方式

4.7　内蒙古案例

　　内蒙古地区气候较为干燥多风，鸟类物种相对较少，但因内蒙古地区面积广阔、鸟类天敌较少，故使得鸟类数量极多。总体来看，最近几年由鸟类引起的跳闸在内蒙古电网跳闸故障中所占的比例越来越大。鸟线冲突成为影响当地电网安全稳定运行的一个主要因素。

　　因此为了减少内蒙古地区的鸟线冲突，由国家呼伦贝尔分公司和山水自然保护中心工作人员组成的调查组以地域辽阔的呼伦贝尔为试点，针对电网分布区域大，跨越生境类型多的特点，设计因地制宜的调查、分析、解决方案。在调查分析方面，调查组通过对呼伦贝尔鸟类生物多样性调查、鸟线冲突情况调查以及现有方案评估，来补充汇总呼伦贝尔鸟类与电网的相关资料。并对现有方案提出具体的改进意见，并加强对电网员工和公众的交流与宣传。开展科研、培训、救护等电网沿线鸟类保护与救助工作，从生物多样性保护的角度助力国家电网专业护线、科学护鸟公益事业。

　　防鸟设备与人工鸟巢：根据输电线路涉鸟故障"疏堵结合"综合治理的理念，电网工作人员开展了防鸟设备的安装和人工鸟巢的安放两方面的工作。

　　首先，是在跨越草场、湿地的线路上都安装了防鸟刺，并在其中重要的人工鸟巢试点线路的悬垂串上安装了防鸟罩。护线爱鸟设备安装后鸟害跳闸发生率大幅降低，鸟类活动高度降低，绝缘子串上敷鸟类粪便情况大幅改善，大大减少因鸟类粪便而造成污闪的概率。

　　在进行样线本底调查后，调查组各方围绕生命鸟巢选点、设计及安装持续开展多次线上多方会议。选取了一条经过草地面积广大的 110 kV 输电线路线路作为试点，划分出电塔的风险区和安全区，在风险区内安装驱鸟刺和防鸟挡板，维护设备安全。在安全区放置大型人工鸟巢，招引生活在这一地区的猛禽入住育雏。人工鸟巢材质为天然藤编，轻且疏水，直径 70 cm ~ 1 m，巢身大而浅，便于大鸟进入和小鸟离巢起飞。人工鸟巢的安装位置模拟自然状况下猛禽巢的高度及特点，即安装位置置于铁塔的上方安全位置。此外，工作人员还在铁塔安装了红外相机对鸟巢的利用状况进行监测。生命鸟巢安装现场工作照如图 4-14 所示。

图 4-14　生命鸟巢安装现场工作照

4.8 甘肃案例

甘肃张掖地处中国第二大内陆河——黑河中上游，境内森林、草原、湿地和荒漠交错分布，孕育了丰富的生物多样性，也是全球候鸟迁徙路线之一——中亚迁徙路线中的重要停歇地，国家一级保护动物黑鹳、猎隼、遗鸥等珍稀鸟类也在此繁殖。其中黑河国家湿地公园、张掖国家湿地公园、高台国家湿地公园每年均有候鸟迁入、迁出，且湿地沿线有电网线路建设。

张掖电网内鸟线冲突引发的事故主要发生在每年的 11 月至次年 4 月，频率最高每月为 2～3 次。鸟线冲突类型取决于线路所处的具体生境情况。主要鸟线冲突类型为喜鹊和红隼，形式主要以鸟巢巢材掉落和鸟粪为主，但近年来也发现玉带海雕、金雕、白尾海雕、大鵟等珍稀猛禽在湿地沿线电网线路上占位、筑巢的现象。此外，张掖湿地的旗舰物种黑鹳，虽暂未观测到在电塔筑巢，但偶见多只站于电塔和撞到电塔上的现象，鸟撞现象一般发生在新建的电塔沿线，黑鹳对新的人工景观的出现需要时间适应。

依托"候鸟生命线"品牌公益项目，张掖供电公司安装了新型环保型声光驱鸟器 200余个、新型防鸟刺 20 000 余个，主要以安装在电杆上的旋转式防鸟器和安装在铁塔上的防鸟刺为主。其中，防鸟刺为张掖供电公司开发的新型设备——磁吸式防鸟刺，方便在铁塔上进行安装，提高装设效率。电力工人在铁塔上安装磁吸式防鸟针如图 4-15 所示。

图 4-15　电力工人在铁塔上安装磁吸式防鸟针

　　此外，国网甘肃电力通过 AI 智能识别、夜间智能投影、红外智能感知等技术，感知鸟类在杆塔上的落点位置，根据点位风险等级，采取分级巡护和管理。人工迁移在电塔风险区的鸟巢，并在已安装防鸟刺的电塔安全位置安放 100 余个"爱心鸟巢"，以吸引之前在电塔上原防鸟刺占位位置附近筑巢的鸟类到安全地点筑巢繁殖。为猛禽等保护鸟类提供栖息繁殖的安全"驿站"。人工鸟巢由张掖供电公司统一制作安装，下方安装了两块绝缘木板方便进行固定，为了固定下方的木板，在巢内使用了四根金属条，以螺丝拧紧的形式进行了固定，此外周围使用防水涂料进行了防水处理。在 110 kV 线路上使用的人工鸟巢内部情况如图 4-16 所示。

图 4-16　在 110 kV 线路上使用的人工鸟巢内部情况

第5章 国内涉鸟故障研究

5.1 江西省：利用种群生态学、群落生态学，对电网周边鸟类性别、年龄结构、丰富度、分布和多样化开展输电线路涉鸟故障评估

1. 江西省鸟类生态环境和输电线路鸟害情况

江西省地处中国东南偏中部长江中下游南岸，全省南北长约 620 km，东西宽约 490 km，总面积为 16 万多平方千米。境内除北部较为平坦外，东西南部三面环山，中部丘陵起伏，全省为一个整体向鄱阳湖倾斜而往北开口的巨大盆地。江西气候温和湿润，雨量充沛，森林覆盖率高。

因此江西自然条件优越，丰富的水资源和特殊的气候及地理为鸟类繁衍生息提供了很好的条件。根据 2010 年发布的研究报告，江西省共有鸟类 480 种，隶属 19 目 72 科 226 属；江西省有国家重点保护鸟类 84 种，国家二级保护鸟类 71 种，其中猛禽 48 种。

江西的候鸟和旅鸟达 289 种，其中鄱阳湖区有鸟类 310 种，是世界上最大的越冬鸿雁群体所在地。随着近年来环境治理和生态保护的深入进行，自然环境得到了极大改善。根据 2018 年发布的研究报告，江西省鸟类种类新增 20 种，计 570 种（620 种和亚种），隶属于 22 目 84 科 280 属。

江西省地域多山、多林、多湿地，且输电架空输电线路分布广泛、密集，这样就会吸引众多鸟类驻足。鸟类的一系列活动就可能造成输电线路短时跳闸故障，影响到供电系统的稳定性，更为严重的有可能影响到输电线路的安全运行。2007 年到 2016 年 10 年江西电网各直属单位管辖范围内发生的输电线路鸟害跳闸故障数据见下表。

表 5-1　2007—2016 江西电网涉鸟故障统计表

年份	电压等级/kV			
	110	220	500	总计
2007	6	3	0	9
2008	2	0	1	3
2009	11	13	6	30
2010	23	14	4	41
2011	20	8	0	28
2012	6	13	0	19
2013	17	3	0	20
2014	24	8	3	35
2015	30	14	1	45
2016	8	5	0	13
总和	147	81	15	243

2013 年到 2017 年，江西电网 110 kV 及以上输电线路的跳闸次数分别为 20 次、13 次、27 次、35 次、45 次。其中 2014 年、2015 年、2016 年，国家电网公司 110（66）kV 及以上电压等级的输电线路涉鸟故障的占比都超过了总故障数的 10%，并且呈现逐年递增的趋势。而随着涉鸟故障的增加，为保证输电电路安全稳定地运行，公司每年投入的治理费用也逐年加大。从 2013—2017 投入防治鸟害的费用分别为 1 042 万元、997 万元、1 043 万元、1 111 万元和 1 487 万元，也呈逐年递增的趋势。

2. 利用种群生态学、群落生态学的输电线路鸟害识别和防治

针对江西特有的输电线鸟害情况，国网江西电科院提出了以下治理新思路：结合调查和统计学，研究包括输电线路、变电站、铁塔周边鸟类多样性和习性分析，利用种群、群落生态学的知识对鸟害风险进行识别。其研究主要是结合种群生态学、群落生态学、保护生物学理论、焦点动物法对电网周边鸟类性别、年龄结构、丰富度、分布和多样化开展评估。

在鸟类多样性指数方面，采用样线法和样点法相结合的方法，江西电网在多个特

征区域进行了鸟类、种群多样性分析研究。

电科院在 2012 年对 2011 年 11 月至 2012 年 1 月江西省 7 个点的 4 种生境中的高压输电线路鸟类多样性进行了研究。共记录鸟类 74 种，其中国家一级保护动物 1 种：东方白鹳；国家二级保护动物 3 种。常见鸟类有丝光椋鸟、金翅雀、树麻雀、黑领椋鸟。鸟类居留型以留鸟和冬候鸟为主，区系以古北界最多，占近一半。研究发现 4 种生境中鸟类多样性指数差异较大。黑领椋鸟、喜鹊、东方白鹳偏爱在铁塔上筑巢，对输电线路的危害较大。其他的一些大中型鸟类（如苍鹭、鸬鹚等）也对线路安全有一定的威胁。

电科院在 2018 年 3～6 月，对南昌市郊区输电线路杆塔上的黑领椋鸟和喜鹊的巢址选择进行调查。黑领椋鸟的巢穴距灌丛和乔木的距离分别为（1.81±2.10）m 和（11.13±7.20）m，均显著高于喜鹊距灌丛（0.22±0.67）m 和乔木（6.22±4.29）m 的距离。结果表明这 2 种鸟类巢址选择偏好相似。主成分分析表明:黑领椋鸟巢址选择的第 1 主导因子是安全因子（距干扰源距离、巢高度）和食物因子（距农田距离），影响喜鹊巢址选择的第 1 主导因子是安全因子和水因子（距水源距离）。这 2 种鸟类对巢址选择的需求相似。

电科院在 2019 年 1—4 月，采用样线法对江西省鄱阳湖区、5 大水系和城镇郊区输电线路电线和铁塔上的鸟类多样性进行了调查，共记录鸟类 4 目 19 科 29 种。国家二级重点保护鸟类 1 种。遇见频率较高的鸟类有 7 种。居留型方面，留鸟占绝对优势（20种，占 68.97%），区系方面以东洋界（13 种，占 44.83%）为主。鄱阳湖区的鸟类多样性指数（3.322）最高，城镇郊区（2.912）最低，这与输电线路上常见鸟类生境偏好有关。偏爱在输电线路电线上筑巢的鸟类如东方白鹳、黑领椋鸟等大中型鸟类的筑巢材料、粪便、展翅等均可能引起线路跳闸，其他一些集大群鸟类如金翅雀等也对线路安全有一定的威胁。

随着环境保护的深入，生境发生了向好的变化。电科院在 2022 年对江西省变电站及其周边线路鸟类多样性与习性进行分析。共统计到鸟类 15 目 122 种，其中陆生鸟类 63 种，水鸟 59 种。在陆生鸟类中，雀形目种类最多（48 种），占总物种数的 39.34%，其次是鹰形目（8 种），占总物种数的 6.56%；在水鸟中，鸻形目种类最多（19 种），占总物种数的 15.57%。共记录到国家一级保护动物 5 种，它们分别为白鹤、白枕鹤、白头鹤、黑鹳和东方白鹳；记录到国家二级保护动物 16 种。国家一级和二级保护动物合计 21 种，占总物种数的 17.21%。在居留型方面以留鸟和冬候鸟为主，分别占总物种数的 40.98% 和 36.89%。在 122 种鸟类中，以中型和小型鸟类为主，分别占总物种数的 35.25% 和 26.23%，略大型和大型鸟类种类合计占总物种数的 25.41%。食性以动物性食性为主（60.66%），其次为杂食性（23.77%）；在农田生境中活动的鸟类种类最多，占总物种数的 69.67%，其次为湿地（55.74%）和林地（45.08%）。66.39%的鸟类会停歇在电力设备上，35.25%的鸟类会集成上百只的大群。

可以看出鸟类在电力设备上停留、活动和筑巢易引发电网故障。同时大体型的鸟类在电力设备和线路上活动对线路安全也有一定的威胁。

在鸟害故障识别和建模方面，电科院主要分析电网涉鸟故障原因及规律，试图建立综合考虑鸟类分布、人类干扰度、地理环境和运行经验等要素的鸟害模型，并进一步试图在杆塔布局、生境调整等方面提出涉鸟故障差异化防治措施以达到对鸟害进行精准防控的目的，包括对特定的鸟类、鸟粪对绝缘子鸟巢等的影响做专题研究。

江西电科院统计了 2009—2016 年的涉鸟故障，通过整理得到 110 kV 及以上输电线路跳闸共 231 次，其中 110 kV 线路跳闸 139 次，220 kV 线路 78 次，500 kV 线路跳闸 14 次。因鸟巢材料短路导致的线路跳闸有 185 次，鸟粪闪络导致跳闸 40 次，鸟体短接炎 6 次。研究发现涉鸟故障主要发生在农田或邻近水源的低海拔地区，农田区域是线路鸟巢类故障的高发区，湖泊和河流周边 4 km 范围内是线路大鸟类故障的高发区。4 月至 7 月份是涉鸟故障发生的高峰期，为 161 次，占总次数的 69.7%。并且鸟巢类故障主要发生在凌晨和早晨，而鸟粪类故障主要发生在夜间至凌晨。同时，涉鸟故障发生的概率还与杆塔的电压等级、杆塔结构型式、排列方式、相别和天气有关。

进一步的，电科院联合相关机构对江西电网 2005—2019 年期间的 337 起涉鸟故障进行统计分析，提取电压等级、杆塔类型、导线排列方式及绝缘子串型等杆塔结构特征，以及农田、水库、林区、河流及鸟类迁徙通道等地理环境特征。根据统计结果计算不同杆塔结构特征对涉鸟故障的影响度，拟合地理环境特征指标值与杆塔距离的关系式，分别采用层次分析法与熵值法计算两类特征各个指标的权重系数，运用线性加权法构建输电线路涉鸟故障风险等级的量化评估模型。

这些模型均有一定的合理性并对鸟害防治有一定的指导意义。

3. 结合图像、声学等的种群知识图谱的鸟类识别研究

在获得涉鸟故障的环境特征、鸟害成因特征和目标鸟类特征等知识后，江西电网试图在鸟害风险识别中进一步结合图像、声学等的种群知识图谱，对鸟类进行识别，并以此作为依据提出针对性的鸟害故障防治的措施。在鸟类鸟种识别技术研究中，主要包括用人工智能的方法利用鸟鸣、图片、视频等方法识别鸟种。

在图像识别方面，江西电网研究了基于 YOLOv4 目标检测的涉鸟故障相关鸟种图像识别。利用巡检图像与网络资源构建电网涉鸟故障典型危害鸟种图像数据集，并进

行图像标注与数据增广。通过建立 YOLOv4 检测模型，并引入多阶段迁移学习进行模型训练，同时利用数据增强、余弦退火衰减及标签平滑 3 种方法提升训练效果，分析先验框个数、训练方法、样本数量等因素对测试结果的影响，得到最优检测模型。试验检测了包含 20 类鸟种、1134 个真实目标的图像测试集，平均精度均值可达 92.2%。以鸟粪类、鸟巢类、鸟体短接类、鸟啄类四种涉鸟故障对应的 8 种代表性鸟种为例，通过分帧加窗、端点检测等预处理，采用离散傅里叶变换和 Welch 算法获取不同鸟鸣信号的功率谱密度（PSD）图，从中提取 129 个频率点的 PSD 特征，并基于随机森林建立分类识别模型，以 PSD 特征作为输入量，开展模型训练和不同鸟种分类测试，8 种鸟类的识别准确率为 83.3%—100.0%。研究也发现 YOLOv4 检测结果与 Faster RCNN、SSD、YOLOv3 进行对比，其检测精度更高，误检数更低。这些成果为提高涉鸟故障防治措施的精准性提供了保障。

在利用鸟声进行鸟种识别方面，基于 Mel 频谱图和卷积神经网络（CNN），通过与有关研究机构合作建立了常见涉鸟故障对应的 40 类代表性鸟种的鸣声样本集。通过对鸟鸣信号进行分帧、加窗与降噪等预处理，计算每帧信号在各个 Mel 滤波器中的能量，根据能量大小与颜色深浅的映射关系提取鸟鸣信号的 Mel 频谱图。再以电网涉鸟故障相关鸟种的 Mel 频谱图作为输入，通过 CNN 反复执行卷积-池化过程提取 Mel 频谱图特征，并进行多次迭代训练调整网络内部参数，得到最优模型用于鸟种识别。实践仿真模拟结果表明，40 类鸟种的识别准确率达 96.1%，识别效果优于其他迁移学习方法。

通过研究，研究者利用大数据分析将涉鸟故障分类为鸟粪类、鸟巢类、鸟体短接类和鸟啄类等四种涉鸟故障。通过增加特定约束，研究者可以进一步优化识别算法。

为了鸟声识别的准确性，研究者将故障对应的 8 种代表性鸟种组成集合，对其鸣声信号进行研究，通过分帧加窗、端点检测等预处理，采用离散傅里叶变换和 Welch 算法获取不同鸟鸣信号的功率谱密度（Power Spectrum Density，PSD）图，从中提取 129 个频率点的 PSD 特征；基于随机森林建立分类识别模型，以 PSD 特征作为输入量，开展模型训练和不同鸟种分类测试，这 8 种高鸟害鸟类的识别准确率达到 83.3%—100.0%。

江西电网联合相关机构对于特定的鸟害情形约束下（如鸟粪类、鸟巢类等），利用巡检图像，进行输电线路杆塔上鸟巢的自动检测方法研究。该方法试图利用无人机巡检图像，自动识别定位输电线路杆塔上鸟巢所在位置。通过对鸟巢图像进行数据增广，解决了神经网络分类器的训练样本不足及过拟合问题。实验结果表明，该方法能够有效地检测复杂环境下的鸟巢目标，且检测平均准确率达到 96.87%，召回率达到 95.38%，检测速度达到 0.154 s。为杆塔上鸟巢害的及早发现提供了技术方法。

4. 针对特定涉鸟故障的专题研究

鸟粪类危害主要是通过积污影响绝缘子的工作引起故障。江西电网联合相关机构分别从绝缘子积污特性、鸟粪流体特性等物理特性、架空输电线路绝缘子在鸟粪污染条件下的闪络特性等出发,研究对绝缘子和防护设备的影响。

研究了防鸟装置对绝缘子积污特性的影响。其中利用流体场分析理论,通过设置污秽体积分数,建立绝缘子动态积污模型,分析风倾角以及降雨冲刷系数对安装典型防鸟装置条件下绝缘子积污特性的影响,揭示典型防鸟装置对输电线路绝缘子积污特性的影响机理。同时结合理论,相关机构利用人工积污试验进行了验证。研究结果表明:由于防鸟罩安装在绝缘子正上端,对绝缘子具有一定遮挡作用,安装防鸟罩会加重第 1 片绝缘子上表面的积污,但对其他绝缘子影响不大;由于防鸟挡板与绝缘子相距较远,安装防鸟挡板对绝缘子的积污影响较小。该成果为防治鸟粪类鸟害提供了技术支撑。

江西电科院还研究了低温环境下染污硅橡胶的憎水特性,然后基于鸟粪下落过程中最大连续长度与鸟粪参数的关系,试验研究了鸟粪下落方式、下落通道、电导率、黏度、体积、下落位置和相对湿度等对 330 kV 复合绝缘子闪络特性的影响。试验结果表明,330 kV 复合绝缘子的鸟粪闪络概率随距离的减小、鸟粪长度的增加而增加;鸟粪脱离横担比未脱离横担下落时发生闪络的概率更低;带均压环比不带均压环时绝缘子更易发生闪络;当鸟粪体积、鸟粪电导率、空气相对湿度越大时,发生鸟粪闪络的概率越大。

结合以上研究,江西电科院还研究了架空输电线路绝缘子在鸟粪污染条件下的闪络特性。根据现场绝缘子串受鸟粪污染的典型形态和参数,提出了绝缘子串鸟粪类污秽试验的涂污形式,并考虑不同环境污秽程度,开展了 110 kV、220 kV 绝缘子串附加鸟粪模拟液的人工污秽试验,给出了不同条件下鸟粪污染绝缘子串的闪络电压。分析得出:在环境污秽度较轻的地区,110 kV 线路采用 9 片普通型绝缘子串,220 kV 线路采用 15 片普通型绝缘子串,均不会因鸟粪污染绝缘子表面导致污闪。这些研究为杆塔的建设规划在生态学方面提供了理论的指导。

对于鸟体短接类鸟害,由于其不确定性,预防鸟害故障的重要手段是在鸟害造成架空输电线路故障之前监测并识别鸟害隐患,通过驱鸟等方法,将故障扼杀在隐患阶段。江西电网联合相关机构利用行波系统,试图通过隐患放电电流的提取与识别来识别隐患。该方法基于移相相减和小波变换的原理,利用隐患放电相全电流减去正常工作相移相后的全电流,然后用小波变换识别并提取隐患放电电流的特征量,实现对鸟害隐患的识别与预警。模拟实验证明了上述方法的有效性与可行性。

5.2　国网蒙东电力有限公司：不同地形地貌、季节气候、气候特征等因素与输电线路发生涉鸟故障次数间的内在联系和防范措施

1. 内蒙古东北部鸟类生态环境和输电线路涉鸟故障情况

内蒙古东北部地区处于北半球中纬度的内陆地区，具有明显的温带大陆性气候特点，春季干燥多风，夏季高温多雨，秋季凉爽短暂，冬季寒冷漫长。区内的植物种类组成均比较复杂，多为被子植物。而且内蒙古自治区沿黄河流域的一些水域是候鸟重要的栖息地。近年来，由于全区生态环境的改善和野生动物保护工作力度的加大，大批候鸟涌入内蒙古境内逗留。迄今，内蒙古自治区共记录到包括水生和陆生过渡类型在内的陆生脊椎动物 613 种，分属于 29 目、93 科、291 属。属于国家一级保护的野生动物有 26 种，国家二级保护野生动物 89 种，被国际鸟盟定为国际受胁种鸟类的有 26 种。单就位于内蒙古自治区东部的内蒙古图牧吉国家级自然保护区就观察到 60 种水鸟，隶属 6 目 14 科 32 属，夏候鸟 29 种，有旅鸟 30 种。该地处大兴安岭山地与松嫩平原的过渡区域，拥有丰富的水资源和大片的沼泽湿地，是东亚—澳洲候鸟迁徙通道上重要的停歇地之一。

蒙东地区常见的鸟类有鹰隼类、鹭类、鹤类、鹳类、雁类、鸥类、鸭类、鹈鹕类等体型较大的鸟，周围几乎没有树林或房屋等物体供其栖息，输电线路则成为其停留或栖息的最佳场所。据电科院发布的统计，蒙东电网 2013—2017 年，年均涉鸟故障可达 16 次，一般涉鸟故障多发生于 110 kV 和 220 kV 线路。2013—2017 年，内蒙古赤峰、通辽等地共发生线路跳闸事故 197 次，其中由鸟害引起的跳闸事故为 81 次，约占总事故次数的 41%。2005 年 1 月—2013 年 12 月，蒙东电网引起的各种输电线路故障统计数据表明，故障次数位列前三的有雷击、涉鸟故障和外力破坏，其中涉鸟故障达 38 次，占总故障次数的 25%。蒙东电网各地区在不同电压等级下涉鸟故障统计，见表 5-2 所示。

表 5-2　蒙东各地区不同电压等级下鸟害故障统计

公司	赤峰	通辽	兴安	呼伦贝尔	合计
500 kV	3	2	0	0	5
220 kV	8	13	2	8	31
110 kV	0	0	0	2	2
总计	11	15	2	10	38

蒙东电网 220 kV 输电线路鸟害故障月度累计分布统计见表 5-3 所示。

表 5-3　2005—2013 年蒙东 220 kV 输电线路涉鸟故障月统计分布

月 份	1	2	3	4	5	6	7	8	9	10	11	12
110 kV 及以上鸟害故障总次数	3	1	2	7	2	2	5	6	5	4	2	1
220 kV 鸟害故障总次数	3	1	2	7	2	0	4	6	3	2	0	1

可以看出，发生输电线路涉鸟故障的月份主要集中在 4 月份和 8 月份，而这两个月份是主要鸟类迁徙的高峰时段。因此，在加强和高度重视在这段时期的防鸟害治理工作的同时，还应充分掌握鸟害迁徙时间及迁徙路径。

针对蒙古东部地区特有的输电线鸟害情况，相关机构提出了以下治理新思路：结合地貌、季节气候特征等因素的鸟害治理研究。

2. 基于生态技术的涉鸟故障治理研究

内蒙古东北部地区地貌和季节气候有明显特征，结合地貌、季节气候特征等因素的鸟害治理研究重点关注鸟类活动规律。鸟类的活动受到多种因素的影响，包括季节、气候、地形等。了解这些因素与鸟类活动的关系，可以帮助我们更全面地了解鸟类的活动规律，为制定有效的鸟害治理措施提供依据。

（1）预防涉鸟故障的发生：通过对地貌和季节气候特征的研究，可以预测鸟类的繁殖、迁徙等行为，从而有针对性地采取预防措施，减少涉鸟故障的发生。

（2）优化涉鸟故障治理措施：结合地貌和季节气候特征等因素进行涉鸟故障治理研究，可以针对不同地区、不同季节的涉鸟故障特点，制定更加精准、有效的治理措施，提高治理效果。

（3）提高生态保护意识：通过对涉鸟故障治理的研究，可以增强人们对鸟类生态价值的认识，提高生态保护意识，促进人与自然和谐共生。

（4）推动相关政策制定：通过对涉鸟故障治理的研究，可以为国家制定相关政策提供参考依据，推动鸟类生态保护政策的制定和实施。

蒙东电网利用 2005—2013 年的历史涉鸟故障数据试图找到涉鸟故障的地形特征、时间特征、季节特征、气候特征和线路杆塔特征。通过建立该特征的模型来研究涉鸟故障的形成和治理方法。形成了和江西电网相似的结果，研究发现涉鸟故障具体成因，包括：① 鸟类筑巢，鸟巢中易导电物质散落会引发故障；② 鸟粪，鸟类的排泄物引起绝缘子串发生闪络、鸟粪污闪和鸟粪在下落过程中，在横担与引线之间空气绝缘距离不足，而引发闪络；③ 大型鸟类飞行；④ 鸟啄复合绝缘子。

　　蒙东处于高寒草原地区，干旱少雨，没有高大树木适合鸟类筑巢，大部分鸟类选择在输电线路杆塔上筑巢，造成输电线路涉鸟故障跳闸故障不断增加。蒙东电网针对性地研究直线塔、耐张塔和 ZM、ZB 型塔涉鸟故障原因，针对不同塔型、不同电压等级提出了差异化防鸟措施。蒙东电网也开展了如何运用多种方法综合防鸟，以降低输电线路涉鸟故障跳闸率，提高线路可用率和系统稳定性的研究，取得了非常好的效果。

　　蒙东电网利用大数据从输电线路的架空部分可能会出现的涉鸟故障、故障类别以及原因出发，对如何运用生态防治技术加以防治提出了驱除、阻隔和指引对策等，进行了深入的研究。建立了一些有效的方法，其中包括通过技术在举架杆、举架塔的周围建造立柱、树干等类别的设备，诱导鸟类在立柱、树干等之上建造巢穴。这样鸟类可能就不会再站立在电线、举架塔、举架杆等之上，而且也不会再建巢，达到降低涉鸟故障的效果。

　　另外蒙东电网还利用大数据方法，试图设计基于模糊数学法的架空输电线路涉鸟故障防治效果评价模型。通过时空聚合分析方法采集涉鸟故障发生时空大数据，根据所采集的涉鸟故障发生时空大数据对涉鸟故障发生频率及程度进行预测，基于预测结果，采用组合权重法确定防鸟装置多样化组合权重，构建架空输电线路涉鸟故障防治效果评价模型。为生态防治涉鸟故障提供了更多的途径和办法。

3. 针对鸟粪类涉鸟故障的专题研究

　　蒙东电网研究指出，仅 2004 年 1 月至 2006 年 12 月末，我国 220 kV 及以上线路因鸟类造成跳闸共 399 次，占线路故障跳闸总数的 10.43%，占比相当大。而在 110 kV 以上的输电线路涉鸟故障中，鸟粪闪络是最主要的涉鸟故障类型，占比超过 90%。鸟粪闪络分为两种：一是鸟粪直接滴落在绝缘子第一片伞裙上，然后沿着伞裙边沿向下延伸引起沿面闪络；二是鸟粪从绝缘子伞裙外下落，形成导电鸟粪通道，与高压端的空气间隙被击穿形成闪络。110 kV 线路鸟粪闪络事故一般是由大型鸟类粪便倾泻在绝缘子周围引起空气间隙击穿引起因鸟粪闪络引起的线路故障。蒙东电网事故达到 28 起，鸟粪闪络是蒙东电网发生涉鸟故障的主要原因。

　　因此蒙东电网的另一方面的研究主要包括鸟粪闪络的原因、形成过程及其闪络机理。

　　为探究鸟粪滴落通道对闪络的影响，蒙东电网联合相关机构通过自主设计试验平台，模拟了 110 kV 线路复合绝缘子鸟闪试验，试验利用鸟粪模拟液研究了不同鸟粪滴落通道下鸟粪电导率、黏度、均压环对鸟闪概率的影响。试验发现电导率越大、黏度越高，鸟闪概率越严重，加装均压环会加剧闪络概率；鸟粪通道与导线共面时闪络最严重，异面时闪络概率最小。

防鸟措施中，输电线路包覆绝缘护套对鸟类活动影响小，应用于涉鸟故障事故多发地区。蒙东电网主要对于防鸟罩、防鸟挡板和电缆护套的防护效果和设计进行了研究。

通过研究空气间隙长度分别为 0、5、10、15 cm 时，护套的耐受电压与护套厚度的关系，以及护套表面状态为干燥、潮湿、污秽时，护套长度对沿面放电发展的影响，研究结果表明：绝缘护套-空气组合间隙的击穿电压随间隙长度和厚度的增大呈非线性增大，且间隙长度和厚度越大，击穿电压增加速度越大。绝缘护套的沿面闪络电场强度在污秽状态下会显著降低，该状态下护套表面平均闪络电场强度为 1.2 kV/cm。基于上述研究，蒙东电网为防鸟粪闪络绝缘护套的配置提出了理论支撑，即由线路电压等级确定护套的厚度，由极限沿面闪络距离确定包覆长度，并得出 110 kV 输电线路中，厚度和长度的推荐值分别为 6 mm 和 60 cm；220 kV 输电线路中，厚度和长度的推荐值分别为 8 mm 和 110 cm。

对于防鸟罩、防鸟挡板设计，蒙东电网也通过研究大数据提出了操作规范，包括：在每年污闪事故多发季节前，彻底清扫绝缘子，增加巡视、检查次数，尤其是在发生过涉鸟故障跳闸的塔段要尤为注意检查；补充安装防鸟设施，在鸟类活动活跃的地区可以用绝缘护套，在杆塔上增加上层横担上的防鸟器安装密度和覆盖长度等。

5.3 内蒙古超高压供电局：架空输电线路涉鸟故障区域等级划定方法

1. 内蒙古超高压输电线路鸟类生态环境和输电线路涉鸟故障情况

2020 年，随着发展内蒙古电力系统电力装机容量由 2015 年的 1.04 亿千瓦增长到 1.46 亿千瓦，发电量由 2015 年的 3920 亿千瓦时增长到 5700 亿千瓦时，装机和发电量规模均居全国第 2 位。风电装机达到 3785 万千瓦，居全国第 1 位。全区外送电能力达到 7000 万千瓦，居全国第 1 位。同时蒙西电网形成"三横四纵"500 kV 主干网架结构，蒙东电网形成"五横一纵"500 kV 主干网架结构，速度也不断加快。

据统计，截至 2013 年年底，蒙西电网维护 500 kV 输电线路共计 61 条（包括代维用户线路 2 条），总长度 5113.002 km，铁塔 12 141 基。其中，内蒙古电网资产线路 47 条，长度 4077.215 km，铁塔 9739 基；华北电网资产线路 12 条，长度 1010.612 km，铁塔 2325 基；用户线路 2 条，长度 25.175 km，铁塔 77 基。

随着我国自然保护工作力度的加大和生态环境的持续好转，鸟类繁衍速度逐渐加快，鸟类对高压输电线路安全运行的威胁程度也日益加剧。

据国网在 2003—2013 年的统计，蒙西电网 500 kV 架空输电线路累计发生跳闸 125 次，其中雷击跳闸 48 次，涉鸟故障跳闸 35 次，风偏跳闸 12 次，外力破坏跳闸 8 次，雷击、涉鸟故障、风偏和外力破坏是造成蒙西电网跳闸的主要因素。在 2003—2013 年，累计发生涉鸟故障跳闸 35 次，平均每年发生 3.18 次。

据内蒙古地区 500 kV 输电线路故障及各类设备跳闸事故统计，由涉鸟故障引起的故障占较大的比例，统计见表 5-4。

表 5-4　500 kV 输电线路故障统计

年份	线路故障/次	涉鸟故障/次	占比/%
2007	14	4	28.57
2008	3	1	33.3
2009	7	4	57.14

据 2006—2008 年统计数据，内蒙古电网因涉鸟故障原因而跳闸的故障年均为 22.3 次。见表 5-5。

表 5-5　110～500 kV 输电线路跳闸原因统计

年份	跳闸总数/次	外力		涉鸟故障		雷击	
		次数/次	占比/%	次数/次	占比/%	次数/次	占比/%
2006	143	33	23.1	21	14.7	30	21.0
2007	111	37	33.3	27	24.4	15	13.5
2008	107	29	27.1	19	17.8	13	12.2
合计	361	99	27.4	67	18.6	58	16.1

综上可见，涉鸟故障已经成为高压架空线路跳闸的主要因素之一。在涉鸟故障的诸多因素中，鸟类（鸟粪）、地理环境和线路（杆塔）等是发生涉鸟故障的主要因素。在涉鸟故障统计中，鸟粪闪络占总数的 95% 甚至 100%。而且据大数据统计发现，涉鸟故障重复发生在相对特定的地域（对应于固定线路塔段）。因此对涉鸟故障进行研究防范已经是迫在眉睫。

2. 架空输电线路涉鸟故障区域等级划定并分时空进行治理

根据内蒙古超高压输电线路众多、鸟线矛盾突出的特点，内蒙古开展了大量的架空输电线路治理的研究，主要包括涉鸟故障分类治理、涉鸟故障区域等级划定和进行分区防治等。

相关机构研究了内蒙古 500 kV 响永 I 线涉鸟故障实例，总结了内蒙古超高压供电局多年的防鸟实践。通过内蒙古地区 500 kV 输电线路涉鸟故障事故 2003—2008 年统计数据，鸟粪类故障发生了 6 次，是引起涉鸟故障事故的唯一原因。分析了鸟粪引起涉鸟故障事故的原理，包括鸟粪污染绝缘子引起的闪络和鸟粪下落短接空气间隙引起的闪络。

进一步的，内蒙古超高压供电局通过统计指出涉鸟故障主要有以下 3 大类型：鸟粪类故障、鸟啄复合绝缘子故障、筑巢类故障。分析后得出：鸟粪类故障和筑巢类故障与当地鸟类的习性相关。而鸟啄复合绝缘子故障则与线路是否带电、绝缘子的悬挂方式、颜色、气味及鸟啄部位等因素有关。

为预防并控制涉鸟故障的发生，依据防涉鸟故障原则，提出了增加巡视及清扫次数、安装驱鸟器、增大绝缘子泄漏比距、采用防污性好的复合绝缘子或 RTV 防污闪憎水长效涂料等措施。

针对以上情况，内蒙古超高压供电局研究了涉鸟故障区域等级的划定原则，包括：

（1）输电线路走廊及周边存在适合鸟类活动的地理环境，其特征愈明显，涉鸟故障区域等级越高；

（2）输电线路周边鸟类活动频率愈高，涉鸟故障几率愈大，特别在有鸟粪、鸟巢、羽毛以及（大型）鸟类栖息迹象等的区域，划定涉鸟故障区域等级较高；

（3）根据输电线路区段周边地理环境（包括气候条件）情况的变化，对涉鸟故障区域等级进行及时调整；

同时根据输电线路的重要程度、涉鸟故障统计情况及运行（检修）经验等，依据线路（塔段）要素及其特征，对其所在区域的涉鸟故障区域等级进行修正。

最终从输电线路发生涉鸟故障的鸟类、地理环境以及线路等要素出发，提出依据地理环境特征等划定涉鸟故障区域等级的原则和方法，并依据涉鸟故障区域等级划定原则，绘制"输电线路涉鸟故障区域分布图"。利用该图可以优化涉鸟故障防范技术措施、提高涉鸟故障治理专业化管理水平。

同时针对内蒙古 500 kV 输电线路涉鸟故障的特点和产生原因，超高压局经过 12 年不断的实践和理论探索，总结出一套预防涉鸟故障的管理和技术措施。管理上包括制定涉鸟故障重点时段的巡视和消缺工作。在涉鸟故障重点时段（5-9 月）加强了输电线路巡视工作，并在月巡中增加一项对鸟类栖息及其粪便进行观察的工作内容，定期观察杆塔绝缘子的积粪情况和检查涉鸟故障的防范技术措施。

在技术上包括科学划定涉鸟故障区域、合理确定其涉鸟故障等级。对于涉鸟故障区域的 4 个等级分别采取不同的技术手段，综合治理。

5.4 国网山东省电力公司：输电涉鸟故障分析及防范

山东省地理位置优越，境内河湖交错，水网密布，海岸线长超过 3 000 km，近海海域面积广阔。暖温带半湿润季风气候与丰富的河流、湖泊、水库和海洋资源，为留鸟、候鸟和旅鸟等野鸟提供了充足的食物资源与适宜繁殖、歇息的栖息地。山东省处于东亚—澳大利亚迁徙线的中心部位。山东鸟类资源丰富，共计有 406 个种和亚种，仅黄河三角洲、荣成海岸、南四湖 3 处主要湿地就分布有鸟类 11 目、30 科、160 种，其中留鸟 5 种、夏候鸟 43 种、冬候鸟 14 种、旅鸟 98 种。全省野鸟栖息地的野鸟类型主要是候鸟和留鸟，其中 77.59% 的野鸟栖息地中有候鸟，79.31% 有留鸟，20.69% 存在旅鸟；大多栖息地存在候鸟、留鸟和旅鸟混居情况，以候鸟和留鸟混居最多，占 48.28%，候鸟、留鸟和旅鸟混居占 13.79%，旅鸟和候鸟混居占 1.72%，而候鸟、留鸟和旅鸟单独存在的野鸟栖息地分别占 13.79%、17.24% 和 5.17%。在野鸟品种方面，不同地区野鸟栖息地候鸟品种略有差异，总体上以大雁、天鹅、燕子、白鹭、苍鹭等候鸟居多，留鸟以麻雀、喜鹊、斑鸠、野鸡、乌鸦为主。栖息地四季均有野鸟活动，但主要集中在春秋季。

因此山东电网受涉鸟故障也非常严重，在涉鸟故障治理方面做了较多研究。

山东电网对 2010—2021 年该省输电线路的涉鸟故障统计发现，总共发生涉鸟故障 407 次，其中 110 kV 涉鸟故障 145 次，220 kV 涉鸟故障 241 次，500 kV 涉鸟故障 20 次，具体如表 5-6 所示。由表可见，该省涉鸟故障主要以 220 kV 和 110 kV 为主，500 kV 及以上输电线路的涉鸟故障较少。

表 5-6 输电线路涉鸟故障统计

年份	涉鸟故障				合计
	110 kV	220 kV	500 kV	660 kV	
2010	1	9			10
2011	3	13			16

年份	涉鸟故障				合计
	110 kV	220 kV	500 kV	660 kV	
2012	4	17			21
2013	5	14	3		22
2014	9	29	1		39
2015	16	29			45
2016	12	20	4		36
2017	39	20	1		60
2018	23	16	1		40
2019	19	30	4	1	54
2020	8	22	4		34
2021	6	22	2		30
合计	145	241	20	1	407

　　进一步的，通过对涉鸟故障时间特征分析，发现山东电网涉鸟故障数量呈"双驼峰"曲线：每年 3 月和 4 月是主峰，涉鸟故障最为集中。9 月份是次峰，冬季的 11 月、12 月和 1 月涉鸟故障数量最少。涉鸟故障在一天内各时段均有可能发生，但大多发生在中午之前，其中清晨 5 时至 6 时故障次数最多。涉鸟故障时段分布特征与鸟类生活习性息息相关。鸟类分布格局存在几个热点区域，分别是沿海滩涂及周边岛屿地区、中部山区、湿地区域。

　　青岛电网对其输电线路 2007 年至今发生的跳闸通过分类统计分析，试图从事故的角度研究涉鸟故障的发生特征。其分析发现青岛电网涉鸟故障在 35 kV 电压等级线路设备发生的概率远低于 110 kV 线路和 220 kV 线路；鸟巢短路是 35 kV 线路涉鸟故障的主要原因，鸟粪闪络是 110 kV 和 220 kV 线路涉鸟故障的主要原因；涉鸟故障总体上有两个高发期：3-5 月的 05:00—12:00 和 8-11 月的 02:00—06:00。根据该分析报告得到的涉鸟故障分布图可以有效指导专业化巡视周期的调整和防涉鸟故障综合治理措施的强化。

　　泰安地区还对输电线路发生涉鸟故障区域鸟类活动情况进行了调查研究，确定引起输电线路发生故障跳闸的鸟类。对有鸟巢的输电线路杆塔所处区域、附近的水源、与村庄距离、植被覆盖情况、筑巢杆塔高度进行综合分析，确定引起线路跳闸的鸟类的分布特点。同时也统计了2014—2020年泰安地区架空输电线路发生的涉鸟故障，分析涉鸟故障区域、时间、鸟种、电压等级等特征。分析风险发现泰安地区涉鸟故障主要以鸟粪类为主，鸟巢类较少，鸟体短接类、鸟啄类从未发生过。这些统计和分析评估资料都为涉鸟故障防治提供了有益的参考。

针对山东电网的500 kV变电站涉鸟故障的特征，有关机构进行了专题研究分析，提取了变电站鸟巢隐患位置特征、变电站鸟巢隐患时间特征和变电站鸟粪隐患位置特征。并结合本地涉鸟故障的特点，提出了采用组织措施与技术措施相结合的方式，开展涉鸟故障防治工作，以降低涉鸟故障对电网安全运行的影响。

在技术措施上包括：

（1）安装合格的防鸟装置，包括新型涂料；

（2）"驱""引"结合，综合治理；

（3）利用智能巡检技术开展防鸟、驱鸟工作。

在组织措施上包括：

（1）统筹规划，多措并举，综合治理；

（2）制定鸟巢巡视清扫计划表；

（3）建立涉鸟故障防治专项档案；

（4）定期开展防鸟装置质量抽检工作；

（5）定期对防鸟装置进行检查维护。

5.5　电网异物激光清除新技术

对于高压电网来说，各个导线之间都留有固定的安全距离，防止线间短路。但由于恶劣天气（比如强对流天气等）或者是鸟类活动，很容易把树枝、渔网、风筝、塑料布等吹起在空中，如果这些随风四处漂浮的异物不小心缠绕在裸露的电力高压线路上，就容易引发涉鸟故障。而且在涉鸟故障统计中，鸟粪闪络占总数的95%—100%。这些在架空线和杆塔上的异物很容易引起各种安全隐患，造成接地短路或相间短路等故障，进而造成供电跳闸、停运，必定会造成巨大的经济损失或者引发更大的人身伤之事故。

传统清除架空路线异物的方法主要是人员登塔、无人机喷火等，使用绝缘杆或专用清障工具、异物清除杆等开展作业，必要时还须借助登高车、斗臂车、吊篮等工具。这些方法总的来说在操作便利性和快捷性上都有所欠缺，存在耗时长、人力物力消耗大等问题。实践操作中也存在操作风险高的问题，而且也容易受到天气因素和地形地貌的影响。

近年来，随着激光技术在各行各业中的广泛应用，激光器的小型化和廉价化趋势明显，利用激光定向性好、瞬间高能量、传输距离远等特点，可将激光用于远程异物清除。国网各分公司开展了大量激光异物清除技术的实践。

国网江苏省电力有限公司张家港市供电分公司设计了一种模块化、多功能、可视化的清除设备设计方案，不仅可降低工作人员的作业风险，还能提升输电线路运维智能化水平和供电安全可靠性。该方案由绝缘操纵杆、前端模块、后端模块以及多种可更换切割模块组成，采用电池供电。（1）绝缘操纵杆用于保证人员工作时与带电线路保持绝缘，同时用于固定和支撑系统中其他功能单元和头部的可更换切割模块。（2）绝缘操纵杆两端之间采用无线通信，确保操作人员和带电线路之间的电气隔离。（3）具备可视化功能，并且能远程遥控操纵，以便于精准操作切割模块，从而准确清除异物。（4）采用可快速更换的模块化设计切割头，对于不同类型的异物针对性地选用合适的切割模块对异物进行快速处理。

国网江苏省电力有限公司电力科学研究院结合异物形态和历史数据库研制出一种新型超远距电网异物激光清除器，能够自动识别导线异物轮廓，计算预期切割线并控制云台精确快速瞄准，实现 300 m 范围内挂线异物的跟踪清除。该超远距电网异物激光清除器的数控跟踪云台包括图像识别模块、跟踪控制模块、伺服模块。图像识别模块能够将摄像头采集的图像进行裁剪，调用封装在其上的检测算法识别电线及异物，确定云台跟踪瞄准的目标；跟踪控制模块包括运动控制模块、激光定位模块，运动控制模块通过控制云台的移动寻找到跟踪目标，激光定位模块发射不同功率的激光瞄准目标。

河北省电力公司检修分公司结合工程实例，对实际应用中表现出的优缺点进行了分析。发现光纤激光的光束质量远超 CO_2 激光；由于波长较短，光纤激光存在对白色、透明异物处理效果不佳的问题；激光应用于超高压输电线路清除异物不会对导线造成损伤，对线路净空距离较低的各电压等级线路有损伤导线，尤其是地线的风险。

国网浙江省电力公司对架空线路异物、导线在激光辐照下的特性进行了研究，针对研究结果，研制了大功率可控红外激光发生及智能控制单元，形成了可用于远程异物激光清除的电网异物激光清除器，并进行了现场模拟实验和带电线路实际消缺试用，实验和试用结果证明，该设备能够对架空线路异物进行快速安全的带电清除，具有创新性和实用性。

贵州电网有限责任公司电力科学研究院还结合激光异物清理技术提出了一种用于

输电线路清理的空中机器人，该空中机器人通过悬挂作业工具实现线路异物清理。

以上实践为架空输电线路清理新技术的发展提供了指导。

5.6 输电线路防鸟驱鸟融合发展

目前，涉鸟故障治理工作多限于以防鸟装置选择、故障数据统计和运行经验总结为主要内容的技术层面，还没有提升到较为系统的专业化管理层面。通过查找相关资料，发现国外关于防鸟设备的选用也是从单一防鸟设备进行发展进步的。2006 年美国 HIROSE YUKIO 公司就率先提出一种"输电线路有害生物清除装置"，用于电力传输线防涉鸟故障工作。这是一种采用旋转风车式装置用于电力传输线终端夹具的保护装置。2008 年 CHUGOKU 电力公司研制出防鸟装置，从多个方向发光，防止鸟类靠近传播装置被反射光照射得很宽。本防鸟器配备有球 3a-3c 反射光的镜子，球 3a-3c 可旋转地连接到悬挂在固定传输线的夹子。早在 2000 年，日本的佐藤健三郎株式会社研制出了一种防止鸟类筑巢的方法和装置。该装置预防在输电线路的钢塔上一只鸟靠近能够筑巢的地方，在一个容易让各种大型鸟类如乌鸦筑巢的地方安置一个电极部件，当鸟停在上面时，给鸟以电击。

目前国内外在有关防止涉鸟故障方面取得了一定的成效，仅防鸟装置措施，国内采用的约有 200 种，现场常采用的防鸟装置分成以下几类：

① 防鸟刺。防鸟刺分长针和短针 2 种，它价格低廉，制作和安置简便，对体形较小的鸟类的防范效果较好，但对候鸟等体形相对较大的鸟类的防范效果一般。

② 风车。风车分有装饰（如转叶上装镜子和哨子）和无装饰 2 种，价格较低且简单易行，阶段性作用的效果较一般。

③ 自能式防鸟器。自能式防鸟器的价格适中，安装方便，防鸟效果较好，利用输电线路的感应电流进行单极储能，在放射状的防鸟针本体上产生相当的感应电压，与铁塔（大地）形成电位差。当鸟接近时，短接防鸟针放电，鸟因受电击而驱散。

④ 光电防鸟器。根据鸟类怕光、恐色的特性，特别是惧怕闪光的习性研发而成，底部设有基座，安装在风叶和叶柄上的反光镜在风叶旋转时能够产生反射光，对鸟类的视觉进行干扰和惊吓，达到驱鸟效果。声、光和电驱鸟作用效果较好，可用在鸟类活动频繁的地区。

⑤ 大盘径绝缘子。大盘径绝缘子安装较复杂，防鸟效果较好，但对线路的检修作业有影响。

南方电网有限责任公司超高压输电公司梧州局研究指出目前现有的驱鸟装置多数是通过声音或发光恐吓鸟类飞散离去。虽然装置在最初安装的一段时间也确实达到一定效果，但是长时间后，鸟类适应这种驱鸟装置的声音及发亮后，便不再惧怕，效果也随之大大降低。因此国网各相关机构对进一步防治装置的融合也进行了大量研究和实践，主要包括以下几个方面：

① 通过应用智能技术，对靠近输电线路的鸟类进行有效探测，并通过内部算法模拟鸟类天敌的声音以及利用强光频闪灯进行驱鸟。

② 通过设置防鸟网笼，采用防腐蚀能力较强且不易变形的材料。将防鸟网笼做成三角形结构体，以便营造较陡的坡度，阻碍鸟类在输电线路杆塔上筑巢，保护线路不受涉鸟故障影响。

③ 设置引鸟筑巢篮吸引鸟类筑巢达到驱鸟的目的。

④ 研制新型驱鸟剂，采用防水、防晒设计，组合而成新型驱鸟装置。

⑤ 安装绝缘挡板。

⑥ 研制雷达感应驱鸟器。

同时防治方针还应该根据鸟类分布有季节性、气候性、顽固性、特殊性、频发性的特点设置驱防装置进行线路防护。

5.7　鸟类生态学与输电线路鸟线冲突的研究

随着生态保护理念的进一步发展，在电力线路与鸟类生态保护中，单纯的驱鸟、防鸟等仅仅保护线路的方案已经难以满足生态建设的目标。因此在鸟线冲突解决方案的研究中，鸟类生态学对于保护鸟类生态和保障电力供应的连续性逐渐受到了极大重视，成为了重要研究方向。

鸟类生态学研究内容包括：鸟类的繁殖、行为、栖息地、种群和群落等多个方面。

首先，随着科学技术的不断进步，鸟类生态研究的方法和技术也在不断发展和创新。例如，利用人工智能技术可以更高效地分析大量的鸟类数据，包括迁徙路径、繁殖习性等等，这些数据可以用来推测鸟类的生态习性和演化规律。此外，遥感技术、GIS 技术等也广泛应用于鸟类生态研究中，可以帮助科学家们更全面地了解鸟类的栖息地、迁徙路径等方面的信息。

其次，从鸟类生态保护的角度来看，当前的研究也取得了很多进展。例如，通过对鸟类的生态习性和栖息地的深入研究，可以制定出更加科学的保护措施。

从电力线路建设方面来说，输电线路和输电铁塔等电力输配电装置也对鸟类生态产生了深远的影响。

例如，研究者自 2018 年首次在陕西省汉中市西乡县发现野生朱鹮在高压输电铁塔上营巢以来，至 2020 年累计在 4 个铁塔上统计到 7 个营巢记录。铁塔巢址通常比树巢更高，距离干扰源如机动车道和居民点较近，距离觅食稻田较远。铁塔巢址的繁殖生产力显著高于树巢。通过分析，其原因可能是铁塔巢址较为稳固，不易被大风损毁，且天敌危害较少。由于铁塔巢址周边适于营巢的乔木较多，因而这种异常的营巢现象并非源于天然营巢树木的缺乏。

同时研究者通过对 1 只铁塔巢址出生的个体进行卫星跟踪，表明其第 1 年的扩散距离为 2.0 km，小于树巢出生的个体，而且其活动核心区覆盖了巢址和 3 条输电线路；第 2 和第 3 年的活动核心区分别向外扩散 15.5 km 和 15.3 km，但夏季仍有约 1 个月的时间返回出生巢址附近。可见这些个体对铁塔和输电线路这种特殊的出生地有较深的印记，今后选择在铁塔上营巢的可能性较高。而且根据朱鹮在铁塔上的营巢记录和巢址的重复使用情况，今后会有逐年增加的趋势，可能会对电网安全造成潜在风险。

从鸟类生态学对电力线的影响方面来说（主要指的是鸟类行为对电力线路的影响），现在研究的主要方面包括：

（1）鸟类迁徙：许多鸟类在季节性迁徙过程中，会选择电力线作为休息和补给点。然而，由于电力线的结构特点，鸟类在接触电力线时可能会受到电击，这不仅对鸟类本身造成伤害，也可能导致电力线的故障。

（2）鸟类筑巢：有些鸟类会在电力线塔上筑巢，这可能会引发线路短路或其他安全问题。此外，筑巢过程可能会导致鸟类与电力线的直接接触，从而引发电击事故。

在鸟线冲突的鸟类生态学研究中，最受研究者关注的是人工鸟巢的概念，即人为提供的仿造其天然鸟巢或鸟巢承载环境的人工构筑物。人工鸟巢的设计理论和内容包括了人工鸟巢的设计依据、设计原则。在实践应用中，人工鸟巢重点应当依据服务对象的天然鸟巢结构特征、亲鸟形态特征进行设计，遵循以动物为本、安全稳定、经济可行、生态美学的设计原则；其次需要对人工鸟巢的结构、材料、颜色、防御措施等方面进行设计。最后，对预备放置人工鸟巢的环境进行实地调查，综合考虑人工鸟巢放置环境的气候特点，如有无强风、降水量等因素，对人工鸟巢原有模型进行适度调整。

如前所述的陕西省汉中市西乡县的野生朱鹮在高压输电铁塔上的营巢现象，其中一个铁塔巢址，最终导致了 2018 年的一次输电线路的跳闸事故。事故后，该幼鸟被转移至旁边弃用的喜鹊巢。最后该野生朱鹮适应了新的巢址，并顺利出飞。这为在鸟类生态分布区的高压输电铁塔的安全位置安装人工栖架和人工巢筐，来满足鸟类的繁殖需求，和减少对输电线路的危害，提供了可行的参考。

研究机构分别从鸟类筑巢的习性、鸟类筑巢原因、筑巢位置和区段、筑巢时间季节等特点出发，提出了防治此类问题的新技术和管理方法，为提高电网安全水平，防止线路由鸟巢引起短路接地故障提供参考。

例如，研究者通过对洪河自然保护区东方白鹳天然鸟巢和人工鸟巢进行调查，分析了天然鸟巢、利用的人工鸟巢以及未利用的人工鸟巢特征，比较三者差异，得出天然鸟巢各因子偏爱范围为：巢树胸径约 30.0 ~ 50.0 cm，巢枝数量 3 ~ 4 个，巢枝基径 10.0 ~ 15.0 cm，巢枝夹角 30° ~ 60°，巢枝交点高 7.0 ~ 12.0 m，巢位高 7.5 ~ 12.5 m，巢高 45.0 ~ 65.0 cm，巢外径 130.0 ~ 140.0 cm，巢内径 85.0 ~ 100.0 cm，巢深 18.0 ~ 23.0 cm；人工鸟巢各因子有效区间为：支架直径 10.0 ~ 12.0 cm，支架夹角 25° ~ 30°，支架交点高 3.0 ~ 3.8 m，巢位高 4.0 ~ 4.5 m，巢高 45.0 ~ 55.0 cm，巢深 16.0 ~ 30.0 cm，巢外径 122.0 ~ 142.0 cm，垫层厚 20.0 ~ 30.0 cm。设计东方白鹳人工巢架，由巢架、立柱两部分构成，各部件范围须为：立柱直径 15.0 ~ 25.0 cm，立柱高度 5.0 ~ 12.0 m；支架数量 3 ~ 4 个，支架直径 9.0 ~ 12.0 cm，支架夹角 45° ~ 60°，长度 90.0 ~ 140.0 cm。最后提出适宜的三支架式人工鸟巢架模型。

第6章 涉鸟故障"疏堵结合"综合治理的深化
应用及新思路

6.1 综合治理措施在其他场景的深化应用

涉鸟故障"疏堵结合"综合治理策略亦可深化应用于变电站、电气化铁路、机场和果园等场景。

6.1.1 综合治理措施在变电站的应用

涉鸟故障发生较为频繁的变电站一般远离城市中心，位于郊区或山区，生态环境较好，鸟类活动频繁，对变电设备的安全运行影响较大。

变电站涉鸟故障类型为鸟巢类、鸟粪闪络类、鸟体短接类故障。当鸟类叼树枝、铁丝或杂草等物，在变电站上空飞行时，携带的杂物极易掉落在户外电气设备上，可能引起设备的接地短路故障；鸟类在变电站户外构支架（有较多的空隙）筑巢时，鸟巢和巢内材料掉落在电气设备上时，也易引起设备的接地短路故障。大型鸟类在户外变电设备上停留和飞行时展翅飞翔时极易导致鸟体短接空气间隙，造成设备的相间短路或接地短路；鸟类在变电站的构支架上停歇时的鸟粪会污染站内绝缘子串或电气设备的外绝缘，引起鸟粪闪络事故。

对变电站涉鸟故障的治理，同样可采用"疏堵结合"综合治理方式，在变电站远离带电设备的区域，分析鸟类特征和活动规律，搭建一定高度的适用于变电站常见鸟类的栖鸟平台和人工引鸟巢，以疏导方式降低鸟类对带电设备的影响，同时，选择让鸟不易适应的动态防鸟装置，多种防鸟装置组合使用，安装在鸟类喜欢筑巢的户外构支架处；在变电设备重要防护区配置适量可变可调的智能驱鸟装置，对鸟类主动驱赶，"疏堵结合"综合治理，确保变电设备安全运行和珍稀鸟类的保护。

6.1.2　综合治理措施在电气化铁路的应用

在电气化铁路线路中，鸟类活动引起的线路故障仅次于雷击、外力破坏，位于线路故障总数第 3 位。电气化铁路接触网供电系统是铁路运输中机车、信号、控制等系统供电的重要组成部分，随着电气化铁路的快速发展、机车速度的不断提高，其供电安全性就更加重要。接触网供电线路涉鸟故障主要为鸟巢类、鸟粪闪络类故障和鸟体短接类故障，引起故障的原因类似变电和输电线路涉鸟故障。

鸟类活动引起的输电线路短路故障，造成电气控制部件损坏、跳闸、机械补偿装置卡滞失灵等问题，严重影响了铁路运输安全。针对高铁接触网线路长、杆柱型号多、所处地理环境的复杂多样性等问题，根据铁路沿线的不同环境下的鸟类分布特点，划分涉鸟故障风险等级，制定差异化防护策略。"堵"的方面，采取多种防鸟装置组合使用开展涉鸟故障综合治理，针对环境多样性和多型号杆柱情况，配置可变可调的智能驱鸟器进行主动驱鸟，同时，可对接触网杆柱裸露的带电部位采取绝缘喷涂方式来防治鸟巢、鸟体和异物短路类型的故障。"疏"的方面，铁路系统建立与政府相关机构和鸟类保护组织的合作机制，协同配合，对铁路沿线鸟类活动频繁区域、区段采取引鸟措施，减少鸟类活动对电气化铁路的影响。

6.1.3　综合治理措施在机场的应用

随着航空业的不断发展，航空器飞行活动不断增加，加之人类环境保护意识不断增强，鸟类数量持续增加，人类与鸟类之间的空域矛盾日渐加剧。机场作为供航空器起飞和降落的主要场所，其内及周边往往分布有大量的鸟类，鸟类活动给航空器的安全运行带来了严重威胁，并已经逐渐成为影响航空安全的一个重大隐患。

航空业高度重视鸟击灾害防范工作，采用多种方式防范鸟击航空器，如物理驱赶、化学驱赶和生态防治等。但是，由于各机场所处地理位置、鸟类群落、生境类型分布以及航空器运行等有较大差异，鸟类的活动区域、分布特征、迁徙行为、出行规律、鸟击风险等亦不相同，而这些要素都与机场鸟击防范工作的有效开展密切相关，加之鸟类活动对环境具有较为良好的适应能力，被动的鸟击防范措施驱防鸟效果有限等原因，截至目前仍没有一种办法能够完全避免鸟类对航空器飞行安全的威胁。因此，有学者提出机场工作人员需要参与监测机场及其附近的鸟击和鸟类数量，以便更好地了解种群动态，采取积极的鸟类控制措施；Solman（1996）在鸟击防范的生态控制中阐述了机场预防鸟击的生态学思想，随后演变为机场的生境管理政策。沈阳桃仙国际机场在掌握机场及周边鸟类群落基本情况后，采用生态学防治方法，不仅注重机场内环境的治理，还在机场外一定区域打造了一个适宜附近鸟类生存的环境，通过解决机场及周边地区鸟类生存的食物和栖息条件，将原本在机场及附近活动的鸟类吸引到人工打造的栖息地，减少鸟类在机场出现。这种措施开始施行后，在机场活动的鸟类数量显著减少，取得了阶段性的防治成效。

6.1.4　综合治理措施在果园的应用

鸟类与人类的冲突也存在于果园中。在果园中鸟类啄食果实，包括取食、啄掉和啄伤等形式，造成果园减产和果品品质降低。这不仅直接影响果品的质量和产量，而且啄食后的果实的大量伤口会造成病菌繁殖，使得病害发生流行。所以对于果园来说，鸟类大部分都是作为有害的类型进行对待的。果园开展的防护措施，主要有果实套袋、架设防鸟网、驱鸟器驱鸟、驱鸟剂驱鸟、樟脑丸驱鸟、人工驱鸟等方式。在这些传统方式上对鸟类的习性进行研究，开展综合治理往往会达到事半功倍的效果。比如鸟类拥有最精细的色觉系统，食果鸟类对某些颜色是有偏好的。以此为理论基础，开展果袋颜色对鸟类防护的影响。研究表明，大红、钴蓝和白色的果袋明显会低于原色果袋，而群青、青莲、熟褐和黑色的果袋会增加鸟类破坏的情况。所以仅以果实套袋的防治措施而言，选择大红、钴蓝和白色果袋的防治效果会更明显。

6.2　输配电线路涉鸟故障治理新思路

6.2.1　构建线路走廊鸟类群体生态平衡模型，化解"鸟线冲突"

随着我国经济社会的快速发展和生态环境持续改善，输配电线路"鸟线矛盾"日益凸显，鸟类误碰触电事件时有发生，对生态环境和珍稀鸟类保护造成不利影响，同时也常引发线路跳闸和停电。鸟线冲突这一难题，一直困扰着电网企业。

目前，输配电线路鸟线冲突引起的涉鸟故障解决措施多围绕涉鸟故障频繁区域某一电压等级的单条线路或单一塔杆开展治理工作。而鸟类活动具有季节性和时间性，其种群在区域的数量和分布不是固定的，鸟类活动范围和区域是会变化的。随着鸟类活动规律的变化，杆塔的涉鸟故障风险等级划分也需要动态调整。

6.2.1.1　构建鸟类群体生态平衡模型的必要性

因此，应具备全局观念，通过制定涉鸟故障区域全电压等级输配电线路的整体治理方案来开展输配电线路涉鸟故障治理。

例如，对某湿地高原的 110 kV 线路全线杆塔采取非常全方位地占位、阻隔和驱鸟防护措施后，该线路涉鸟故障大幅度降低。但是，110 kV 所在区域附近的 35 kV 和 10 kV 线路涉鸟故障明显增加。分析原因，是因为鸟类在高电压等级线被驱赶，高原缺少高大树木，鸟类在高电压等级线路杆塔上失去生存环境后，迁徙到低电压的杆塔、低压台区和线路上活动，鸟类在低电压等级电网的活动增加后，引发新的鸟线冲突，涉鸟故障风险等级升高，原配置的防鸟设备已不能满足防护要求，而造成线路跳闸增多。

由此可见，构建鸟类群体生态平衡模型对"护线和爱鸟"具有必要性：

（1）构建鸟类群体生态平衡模型，可以更好地了解鸟类的筑巢习性和栖息地选择，采取相应的预防措施，减少鸟巢对输电线路的影响。

（2）构建鸟类群体生态平衡模型，可以了解哪些鸟类有捕食行为以及它们的活动范围，采取相应的预防措施，减少鸟类捕食对线路的危害。

（3）构建鸟类群体生态平衡模型，可以帮助维护人员更好地了解鸟类活动规律和栖息地分布，提高线路维护效率。

（4）构建鸟类群体生态平衡模型，可以在保护输电线路的同时，保护生态环境和生物多样性，促进人与自然和谐共生。

在设计中，整体方案的拟定，需要根据目标区域输配电线路拓扑结构及各线路的具体参数信息、不同鸟类在治理区域内的习性，包括其停留在输电线路杆塔上的活动、站位、停留周期、常停留位置、停留线路段、常停留时间点、惊飞距离等多个环节来针对性制定。因此，在开展涉鸟故障的综合治理时，本书提出通过构建鸟类群体生态平衡模型，建立涉鸟风险等级评估模型的新思路，来实现既能全面掌控区域内的涉鸟故障，又能根据区域内全电压等级的输电线路施行针对性的防鸟措施，动态调整风险等级和及时优化防护措施的目标。

6.2.1.2　输电线路通道与周边鸟类群体生态平衡模型的构建

输电线路通道与周边鸟类群体生态平衡模型的建立，是在开展鸟类活动与电网安全运行的相互影响过程和规律研究基础上进行构建的，具体做法如下：

（1）构建鸟类行为学模型。

开展对输配电线路的影响较主要鸟类的鸟类行为学研究。对本地输电网周围鸟类对生存环境的选择行为、觅食行为、繁殖行为、群体行为、节律行为、防御行为、定向行为、捕食与被捕食行为、交流行为、利他行为与战斗行为进行数据挖掘，分析鸟类特征、生活习性、区域种群分布和数量，得出鸟巢、鸟粪、鸟体短接（栖息点）和鸟啄的可能分布，构建输配电网约束条件下的鸟类行为学大数据模型。

（2）建立本地鸟类与本地电网涉鸟故障的相互作用模型。

通过对输电线路杆塔涉鸟故障发生的时间点、故障点、故障类型、杆塔结构特征、线路电压等级的数据收集和分析，结合鸟类活动特征，研究输电线路涉鸟故障季节性、时间性、区域性、瞬时性、重复性等特性。按照研究结果，绘制分级分区的涉鸟故障风险分布图，明确输电线路不同区段、不同电压等级的涉鸟故障风险。

（3）建立知识图谱。

利用在输配电网活动的鸟类行为学大数据模型，建立鸟类、生态环境和输电线路的知识图谱（查询关键词：鸟名），得到本地输电网空域内鸟类的活动范围和活动规律，为鸟类保护提供基础数据。知识图谱构建流程如图 6-1 所示。

（4）建立生态平衡模型。

结合鸟类行为学大数据模型、鸟类与生态环境的知识图谱、本地鸟类与本地电网故障的相互作用模型，从时域和空域两个维度构建输电线路通道与周边鸟类群体生态平衡模型。进行输电线路通道与周边鸟类群体适应度的预测和分析，为区域全电压等级输配电线路解决"鸟线冲突"整体治理措施的合理配置及动态调整提供指导策略。

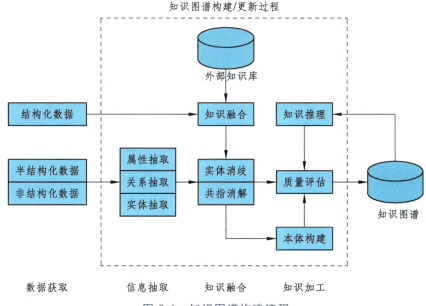

图 6-1　知识图谱构建流程

构建线路走廊鸟类群体生态平衡模型，需要通过高清视频、无人机、鸟类巡视等方式动态智能监测鸟类活动，利用采集的海量鸟类数据和收集的鸟类样本库，研发改进型输电线路鸟类检测算法，采用基于深度学习的人工智能方法，研究"鸟、环境与输电线、杆塔"的关联度和影响。对鸟的种类进行智能识别，建立鸟类、生态环境和输配电线路的知识图谱。利用知识图谱开展鸟类与线路的知识管理、知识检索、智能问答、知识推理等工作，实现知识图谱的垂直应用，构建鸟类-线路-环境的生态平衡模型。

验证模型：对构建的模型进行验证，检查其是否能够正确地反映生态系统的实际情况。

优化模型：如果发现模型存在明显的问题或者不准确的地方，需要对模型进行优化和改进。

应用模型：将建立的生态平衡模型应用到实际的线路保护中，针对不同鸟种可能引发的故障类型采取差异化的防治措施，评估治理措施效果，提出改进方案。

6.2.1.3　下一步预计开展的工作

下一步准备在四川阿坝藏族羌族自治州若尔盖县开展模型构建工作，若尔盖县是国家首批湿地类型国家公园建设重点地区，以湿地草原、湖泊、沼泽为主，是全球生物多样性热点地区之一，共有鸟类 17 目 45 科 232 种，其中国家一级保护鸟类 14 种，二级保护鸟类 41 种。其中，对线路安全运行影响较大的有国家一级保护鸟类金雕、猎隼、草原雕；二级保护鸟类、大鵟、红隼等猛禽；非保护鸟类乌鸦和喜鹊等。若尔盖输配电线路涉鸟故障频繁，在该区域开展模型建设和验证具有典型和示范意义。

实施方案在若尔盖县涉鸟故障最频繁的花湖区域 110 kV、35kV、10KV 三个电压等级的输配电线路及杆塔开展鸟类群体生态平衡模型应用的验证工作，并对模型进行改进和优化，满足实用化和推广性要求。预计验证时间 1～2 年。

6.2.2　源头防控，开展新建输配电线路涉鸟故障治理差异化设计新思路

6.2.2.1　开展输配电线路差异化设计的必要性

涉鸟故障治理中开展输配电线路差异化设计的必要性主要体现在以下 2 个方面：

（1）源头防控，减少故障发生：涉鸟故障是输配电线路常见的一种故障类型，主要是鸟类在输配电线路附近活动或在线路上筑巢等原因引起的。根据鸟类的活动习性和筑巢习惯，在新建线路的设计阶段，开展差异化设计工作，源头防控，针对性地采取应对措施，减少鸟类在输配电线路附近的活动和筑巢，从而减少涉鸟故障的发生。

（2）保护生态环境：在涉鸟故障治理中，采取过于激烈的措施可能会对鸟类造成伤害，影响生态环境。差异化设计可以通过对不同区域、不同线路的鸟类活动情况进行科学评估，采取生态防治措施，保护生态环境。

综上所述，开展输配电线路差异化设计在涉鸟故障治理中是非常必要的，可以提高输配电线路的供电可靠性、运行效率、降低维护成本、保护生态环境等。

6.2.2.2　输电线路铁塔结构与涉鸟故障

从铁塔结构型式上看，涉鸟故障的发生与横担或地线支架的结构型式关系很大。通常角钢塔横担或地线支架上发生的涉鸟故障约占所有故障的 90%。这是因为角钢塔截面一般较大，利于鸟类停靠，在跳线和耐张挂点处采用双角钢拼接方式，增大了鸟类栖息或筑巢的面积。110 kV 干字塔风险区域范围示意图如图 6-2 所示。直线塔横担

常规挂点示意图如图 6-3 所示。

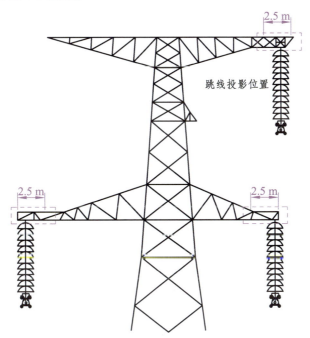

图 6-2　110 kV 干字塔风险区域范围示意图

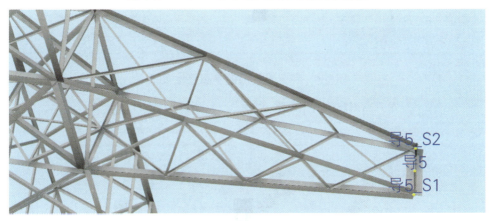

图 6-3　直线塔横担常规挂点示意图

6.2.2.3　10 kV 杆塔鸟体短接类故障原因

10 kV 杆塔鸟体短接类故障主要是由于鸟类活动导致的。当鸟类在线路上排便、筑巢、飞行、鸟啄等活动时，可能会使架空输电线路相间或相对地间的空气间隙距离减少，导致空气间隙击穿引起架空输电线路跳闸。

10 kV 传统的导线排列方式为中相导线在上，其余两相导线在中相导线两侧呈水平方向的等距平行分布。鸟类在水泥杆上栖息时，伸展的翅膀易触碰两相导线引发短路或跳闸事故鸟类在杆塔上活动时，导致带电部位空气间隙缩短而发生相间短路和单相接地短路。从导线相间距上看，鸟体短接类故障的发生与导线相间距存在一定关系。按传统相间距设计的导线，鸟类停靠时，鸟类翅膀的伸展会触碰到两侧导线，引发短路或跳闸事故。单只鸟引起的单相接地短路、单只鸟引起的两相接地短路、两只鸟引起的两相接地短路分别如图 6-4、6-5、6-6 所示。

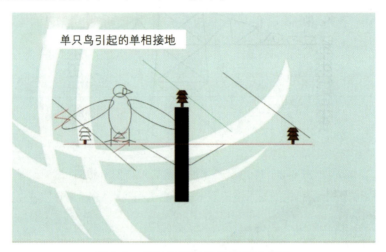

图 6-4　单只鸟引起的单相接地短路

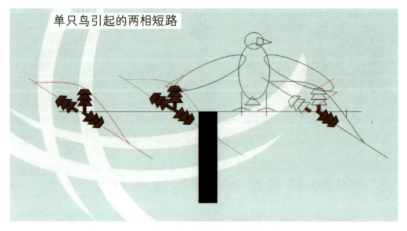

图 6-5　单只鸟引起的两相接地短路

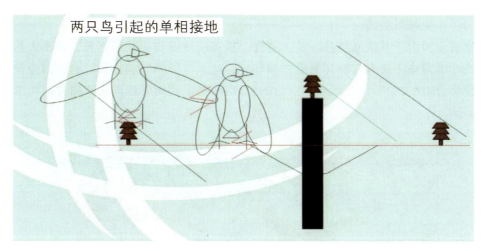

图 6-6　两只鸟引起的两相接地短路

上述分析表明，鸟巢类、鸟粪类、鸟体短接类故障与输配电线路杆塔的结构、导线排列和导线间距有关，因此，有必要在鸟线冲突频发地区开展杆塔差异化设计方案的研究，设计方案兼顾输电铁塔和杆塔的不同特点，基于疏堵结合理念，按照杆塔防护区鸟类不易驻足，非防护区鸟类方便筑巢的原则开展设计工作，通过调整铁塔局部结构、改变水泥杆导线排列方式和增加导线电气距离方式，避免鸟类活动对输配电线路安全运行造的影响，同时保护珍稀鸟类

6.2.2.4　基于涉鸟故障"疏堵结合"综合治理的差异化设计方案

在差异化设计方案设计中，针对涉鸟故障频发地区或区域，对输配电线路杆塔结构，可采取差异化的设计措施。

（1）35 kV 以上电压等级，通常采用铁塔挂导线。

针对新建铁塔，创新设计新的截面型式、挂点型式，让鸟类不方便筑巢（"堵"），同时增设方便鸟类筑巢的专用横担（"疏"），构成人工引鸟专用平台，方便鸟类自己筑巢也可搭建人工引鸟巢，能有效降低鸟类栖息对输电铁塔影响，减少涉鸟故障造成的跳闸等事故，同时给鸟类创造栖息环境。

针对已建铁塔，需进行改造，可增加专用横担的方式。但增加横担后，输电塔承担的荷载也随之增大，因此需要重新验算杆塔的设计承载力，以检查其能否满足使用要求。

（2）改变截面型式。

钢管截面由于其截面特性，受力更优。横担或地线支架采用钢管，在不大幅增加加工成本的前提下可有效破坏鸟巢搭建环境，达到"防鸟"的目的，有效减少涉鸟故障的发生。地线支架采用角钢截面示意图、地线支架采用钢管截面示意图分别如图 6-7、6-8 所示。

图 6-7　地线支架采用角钢截面示意图

图 6-8　地线支架采用钢管截面示意图

图 6-7 为采用角钢截面的地线支架，地线挂线角钢采用双角钢截面，截面为 2L125×10，图 6-8 为采用钢管截面的地线支架，截面优选为 R89×3，投影面积大幅减小，可有效避免鸟类在挂点角钢上停靠或筑巢。

（3）改变挂点型式。

挂线角钢为双拼角钢，加上节点板，是鸟类筑巢和活动的重灾区，针对这种挂点型式，可将挂线角钢尽可能缩短，横担上下平面主材汇聚于一点，若为双挂点，则沿线路方向连接一根悬臂短角钢，尽可能减小鸟类停靠面积。

干字型铁塔跳线支架也同样是鸟类筑巢的重灾区，可参照上述处理方式，可有效破坏鸟巢搭建环境，这里不再赘述。

图 6-9　直线塔横担常规挂点示意图

直线塔横担常规挂点如图 6-9 所示，挂线角钢为双拼角钢，加上节点板，是鸟类筑巢和活动的重灾区，针对这种挂点型式，可将挂线角钢尽可能缩短，横担上下平面主材汇聚于一点，若为双挂点，则沿线路方向连接一根悬臂短角钢，尽可能减小鸟类停靠面积，如图 6-10、图 6-11 所示。

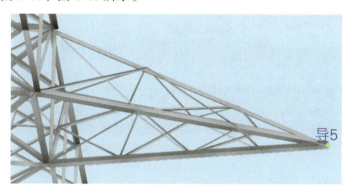

图 6-10　直线塔改造横担单挂点示意图

图 6-11　直线塔改造横担双挂点示意图

（4）增加人工鸟巢专用横担。

在下导线挂线高度下方的塔身沿线路方向一侧增设人工鸟巢专用平台。带来的好处有两点：一是鸟巢均位于绝缘子串下方，可以避免鸟粪引起的绝缘子串闪络；二是鸟巢位置远离导线挂线位置，可以有效避免鸟类叼运巢材、在飞行展翼过程中引起的电气距离不足。人工鸟巢专用平台示意图如图 6-12 所示。

人工鸟巢专用平台

图 6-12　人工鸟巢专用平台示意图